U0132539

天演論

圖說

苗德歲 著

商務印書館

天演論圖説

作　　者：苗德歲
插　　圖：郭　警
責任編輯：黃振威
封面設計：張　毅
出　　版：商務印書館（香港）有限公司
香港筲箕灣耀興道 3 號東滙廣場 8 樓
http://www.commercialpress.com.hk
發　　行：香港聯合書刊物流有限公司
香港新界大埔汀麗路 36 號中華商務印刷大廈 3 字樓
印　　刷：中華商務彩色印刷有限公司
香港新界大埔汀麗路 36 號中華商務印刷大廈
版　　次：2018 年 7 月第 1 版第 1 次印刷

ISBN 978 962 07 5770 9
Published in Hong Kong

目　錄

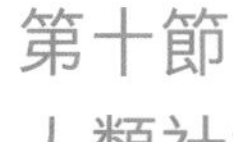

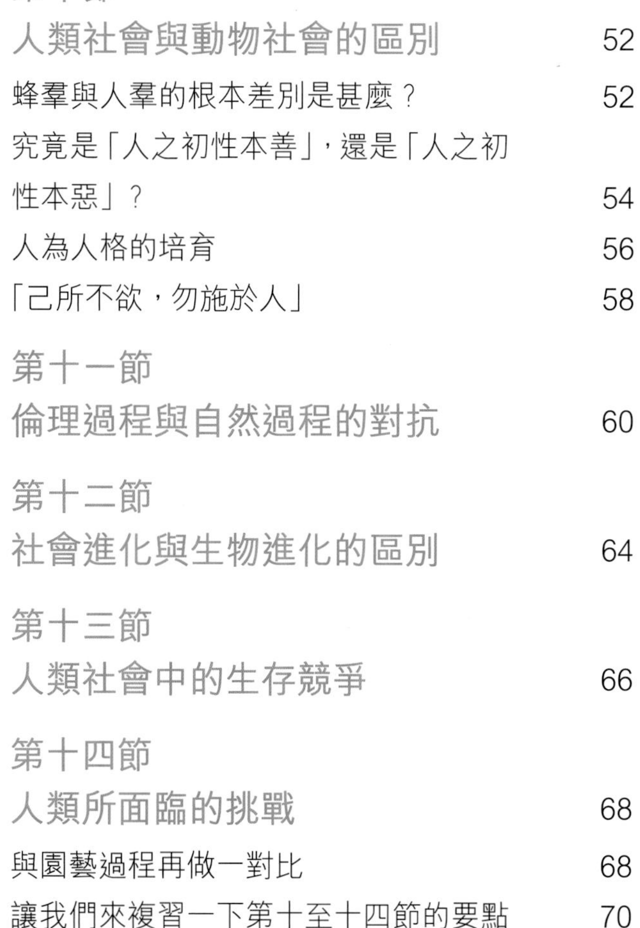

第三部分 《天演論》的寫作背景及其深刻影響

《天演論圖說》出版說明

《天演論》不單是赫胥黎對達爾文進化論的通俗解讀，而且也是他對進化論與人類社會關係的綜合思考。赫胥黎強調人類和動物社會的差異、社會與生物進化的分別，以及人類與生物生存鬥爭的差別等。他又認為不能把生物演化的規律生硬地套用在社會學領域。嚴復翻譯的《天演論》其實只編譯了赫胥黎原書的進化論部分，而捨去其倫理學觀點。

同時，在《天演論》的翻譯中，嚴復還加入了斯賓塞社會達爾文主義的觀點，而這剛好是赫胥黎堅決反對的部分。這明顯偏離了赫胥黎的本意。

其實，嚴復作為中國第一代留學生，中英文的造詣均佳。他之所以參以己意翻譯《天演論》，完全是出於一股匡時濟世之熱誠。當時清政府國勢傾頹，嚴復等明白若要救亡圖存，只有施以重藥，才有治癒之可能。於是嚴復以「弱肉強食，優勝劣汰」、「物競天擇，適者生存」等語警醒當時的中國人。《天演論》一書因此揉合了進化論、社會達爾文主義及其改革藍圖。它起着開啟民智，煥醒民族主義之作用。

《天演論圖說》一書，一方面利用了赫胥黎的原著，另一方面亦仔細對比了嚴復的文言文譯本，深入淺出地向廣大讀者介紹《天演論》之要點。作者在書中將赫胥黎的原意作層層推演，同時指出嚴復所作之種種發揮，旨在解釋赫胥黎和嚴復的思想。

《天演論》發表距今已一百餘年，影響至為深遠。回首中國近百年之歷史進程，《天演論》鼓勵中國人奮發自強，提倡一種前進的社會觀。所以在中國近代史上，《天演論》的地位是無庸置疑的。

第一部分　嚴復、赫胥黎與《天演論》

從西方「盜火」的人

嚴復

希臘神話中有個普羅米修斯從天上盜取火種帶到人間的傳說。有了火，人類才告別了茹毛飲血（吃生肉）的原始生活，開始走向文明。因此，魯迅先生曾把中國最早從西方引進先進思想的人，也比作「盜火者」。在中國近代史上，最有名的「盜火者」，就得數嚴復了。

時勢造英雄

100 多年前，是中國的最後一個王朝 —— 清朝快要滅亡的時候。西方以英國為代表的新興資本主義國家正變得越來越強大，就連中國的近鄰島國日本，在學習西方之後，也逐漸強大了起來，並在 1894—1895 年的甲午戰爭中把中國打得慘敗。這令當時中國越來越多的人覺醒了：中國不能按照老路子走下去了，必須要走一條救國、強國和富國的道路。那麼，要實現這個目標，首先就得像日本人那樣去了解西方，把西方先進的東西引進來。正是當時這種國情和時勢，造就了去西方盜火的嚴復。

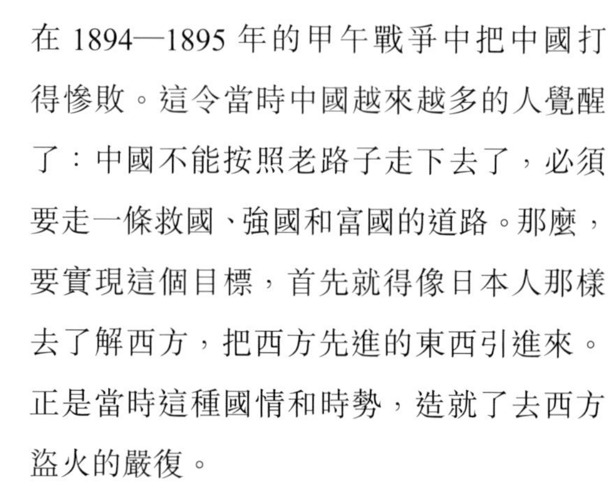

那麼，讓我們來看看：嚴復究竟是怎樣的一個人？他長着甚麼樣的三頭六臂呢？他是怎樣把火「盜」回來的呢？

少年喪父家敗落

嚴復 1854 年 1 月 8 日出生在福建省侯官縣南台的蒼霞洲。跟達爾文一樣，嚴復的祖父與父親也都是地方上很有名氣的醫生。嚴復小時候家裏條件不錯，儘管不像達爾文家那麼富有，可也不愁吃不愁穿。按照他的家庭情況，本來他是可以一步一步地走讀書做官的科舉「正路」的，不料在他 12 歲那年，他父親突然生病去世，家裏的經濟支柱倒了，嚴家也很快就變窮、敗落了。

窮人的孩子早當家

這時（1866 年）正好趕上福州造船廠附設的船政學堂招生，嚴復考了個第一名，入學後不但吃住不要錢，學校還發一些零用錢，可以補貼家用。他在船政學堂學習了 5 年，除了學四書五經之外，還學了英語、數學、天文學、物理學、航海術等課程。嚴復以最優等的成績畢業後，接着在軍艦上實習和工作了 5 年。

1877 年，清朝選派了第一批去歐洲留學的學生，嚴復被派往英國倫敦格林威治海軍學院學習。這為嚴復去西方盜火提供了一條捷徑。與唐僧西天取經所經歷的重重劫難相比，嚴復是多麼幸運啊。此外，這個歷史上的偶然事件，對 19 世紀災難深重的中國具有十分重要的意義。為甚麼這樣說呢？

嚴家敗落而中國得福

如果不是嚴復少年喪父家裏變窮的話，他很可能像當時大多數讀書人一樣，沿着讀書做官的科舉之路一直走下去，最終也許會在腐敗沒落的清朝混個一官半職，而近代中國就失去了一位難得的西方文明的盜火者以及先進思想的啟蒙者。

北宋文學家王安石寫過一首小詩《魚兒》：「繞岸車鳴水欲乾，魚兒相逐尚相歡。無人挈入滄江去，汝死哪知世界寬。」詩中的這幅畫面用來描繪嚴復時代的大多數讀書人的命運是非常形象化的：岸邊的水車在吱吱地叫個不停，池塘的水快要被抽乾了，水中的魚兒不知災難就要臨頭，還在互相追逐玩耍着。魚兒，魚兒，如果沒有人把你們帶到大江大河裏去，就這樣乾死在小池塘裏的話，你們怎能知道外面的世界有多寬廣呢？

外面的世界很精彩

嚴復留學期間，正是英國資本主義欣欣向榮的時期，工業革命給人們生活帶來的各種便利，包括四通八達的鐵路網，讓嚴復看得眼花繚亂。那時，達爾文的《物種起源》也已經出版了，嚴復對接觸到的各種新思想和新知識都非常感興趣。與貧窮落後的祖國相比，他十分羨慕全盛時期的英國，也熱切希望自己的祖國能變得像英國那樣強大。

千里馬遇上了伯樂

嚴復在留學期間，勤奮刻苦，不僅在海軍專業學習上取得了良好的成績，而且努力學習其他自然科學與社會科學知識。他曾趁其他學員上英國軍艦實習的時候，獨自跑到城市議會大廳去旁聽議員辯論，並去法庭旁聽審理案件。

他的這些情況，受到了當時清朝駐英國公使郭嵩燾的關注和賞識。郭嵩燾是清朝維新（改革）派的大官，卻經常跟留學生嚴復討論國家大事，並讓嚴復陪同自己去法國巴黎考察市政建設，可見他看中了嚴復是難得的人才。他還向朝廷推薦，特批嚴復在格林威治海軍學院留學延長一年，以便嚴復學成回國後可以擔任教習（新學堂的教師）。

不務正業但副業豐收

因此，嚴復雖然學的是海軍戰艦駕駛專業，卻成了留英 12 人中唯一沒上戰艦受過海軍訓練的人。這就像魯迅先生去日本學醫，但最後沒有成為醫生，而成為中國的「民族魂」一樣，嚴復最終沒有成為海軍艦長，卻成為中國近代史上影響很大的人物。那麼，嚴復從英國回來後，究竟做了哪些驚天動地的大事業呢？

沒當上大官卻成就了大事業

由於嚴復是留洋的，沒有得過舉人、進士、狀元一類的「功名」，因此回國後並未被朝廷重用。但是，金子放在哪裏都會發光。嚴復的成名不是來自他的功名和官銜，而是來自他所推行的新式教育及所翻譯的西方經典書籍。

新式教育的先驅

嚴復認為教育是治國之本，因而他積極從事教育事業。他 1879 年從英國留學回來後，先在福建船政學堂擔任教習。1880 年，李鴻章在天津創辦了北洋水師學堂（海軍學校），並推薦嚴復任總教習（教務長）；10 年之後，嚴復升為總會辦（校長）。以後又擔任過安徽高等師範學堂校長、上海復旦公學校長。1912 年，袁世凱任命嚴復為京師大學堂（北京大學前身）總監，嚴復成了北京大學第一任校長。

翻譯西方學術名著

中國在甲午戰爭中敗給了日本，對嚴復的刺激很大。他覺得中國光有洋槍洋炮遠遠不夠，更需要西方的先進思想。由於絕大多數中國人讀不懂洋文，他開始翻譯西方學術經典名著。古代讀書人追求「立功、立德、立言」，也就是要建立功業、做道德典範、著書立説。嚴復就是通過他的譯作來立言的，而且做得非常成功。

譯書非為稻粱謀

清朝詩人龔自珍寫過「避席畏聞文字獄，著書都為稻粱謀」的名句。「著書都為稻粱謀」，原本是諷刺沒有骨氣的文人為了升官發財，寫歌功頌德、拍馬屁的書；後來也有人用來形容靠寫書或譯書賺稿費養家糊口。嚴復譯書的目的顯然不是這些，因此，他也沒有像林紓那樣去翻譯西方文學名著。

譯書為了盜火

嚴復是從救國救亡的理想出發，選擇翻譯了對當時開啟民智最為重要的四個方面的書：1. 民主、自由與法治的理念，如穆勒的《羣己權界論》(即《論自由》)、孟德斯鳩的《法意》(即《論法的精神》)；2. 資本主義的經濟思想，如亞當・斯密的《原富》(即《國富論》)；3. 以進化論為核心的社會科學，如赫胥黎的《天演論》(即《進化論與倫理學》)、斯賓塞的《羣學肄言》(即《社會學研究》)；4. 科學的邏輯推理，如穆勒的《名學》(即《邏輯體系》) 等。其中影響最大的還是《天演論》。

嚴復翻譯西方學術著作，並不是簡單地翻譯，而是經常在譯作中結合國情加入自己的觀點，這樣既傳播了西學，又對國事進行對症下藥的評論，很受讀者歡迎。

對中國近代史影響最大的書

「物競天擇，適者生存」成了當時中國人的口頭禪

《天演論》於 1898 年正式出版，是最早把達爾文的進化論系統引進中國的著作。嚴復在譯作中用按語或註解的方式，加進了他本人的觀點。他在書中詳細解釋了「物競天擇，適者生存」的道理，用進化論的觀點，啟發中國人在民族存亡的緊要關頭要自強不息，否則就會亡國滅種。「物競天擇，適者生存」成了當時國人的口頭禪。作為中國新文化運動主將之一的胡適，就是在那時按照「適者生存」的意思，把自己的名字從「胡洪騂」改為「胡適之」的。

毛澤東曾把《天演論》誤記作《物種起源》

我家住在堪薩斯城附近，堪薩斯城的地方報紙叫《堪薩斯城明星報》，這份報紙貌似名氣不太大，但它的工作人員中曾有過一些大名鼎鼎的人物，例如名記者斯諾（Edgar Snow）曾當過該報的記者。

斯諾 1928 年來到中國，1936 年到了延安，採訪了毛澤東等中國共產黨領導人，寫了一本《西行漫記》，最早向西方世界客觀地介紹了當時的中共領導人。斯諾也因此成了毛澤東和周恩來的好朋友。毛澤東向斯諾介紹他早年受達爾文進化論的思想影響時，把在湖南第一師範讀書時（1913—1918）閱讀的《天演論》誤記為《物種起源》。因為最早由馬君武翻譯的達爾文《物種源始》（即《物種起源》）直到 1920 年才問世，他是不大可能在那時讀到中文版《物種起源》的。

魯迅一有時間就吃侉餅、花生米、辣椒，看《天演論》

魯迅先生年輕時深受《天演論》的影響，很早就在心底建立起了「物競天擇，適者生存」的進化論思想。尤其是到日本留學之後，更加堅定了他的「個人要自立，民族要自強」的信念。

魯迅先生對《天演論》一書着迷到愛不釋手的程度，他在《朝花夕拾・瑣記》中寫道：當他因看《天演論》入迷而受到長輩呵斥時，他「仍然自己不覺得有甚麼『不對』，一有閒空，就照例地吃侉餅、花生米、辣椒，看《天演論》」，因此，《天演論》裏的許多章節，他都能熟練地背誦下來。有一次，他和他的好朋友許壽裳在一起談論《天演論》，談到興頭上，兩人都情不自禁地背誦起原文來。

魯迅對嚴復《天演論》譯文的優美十分欽佩和讚賞，並稱讚嚴復與眾不同，「是一個 19 世紀末年中國感覺銳敏的人」[1] 。

[1] 《熱風・隨感錄二十五》，見《魯迅全集》第一卷。

嚴復為甚麼選擇翻譯《天演論》而不是《物種起源》？

看到這裏，大家也許會好奇一個問題：既然要介紹達爾文的進化論，嚴復當年為甚麼不直接翻譯達爾文的原著《物種起源》而選擇赫胥黎的《天演論》呢？

首先，讀過《物種起源簡史》的讀者應該還記得，那是達爾文為了說服人們接受他的進化論而寫的一本「大書」，內容龐雜，例證繁多，並且涉及很多科學領域。如果翻譯達爾文的原著，不僅翻譯的工作量會很大，而且對當時的中國讀者來說，閱讀起來恐怕也格外費力。

其次，在開始翻譯《天演論》之前，嚴復身體狀況不好，翻譯《物種起源》這種大部頭著作，也確實是心有餘而力不足。因此，嚴復選擇了赫胥黎的通俗演講《進化論與倫理學》來向國人介紹進化論，它不僅篇幅較短，而且容易理解，這實在是很聰明且高明的做法。

讀過《物種起源簡史》的讀者們，一定還記得赫胥黎的大名吧？我們不妨再來簡單地回顧一下，看看赫胥黎究竟是何方神聖。

赫胥黎與《天演論》

小貼士：我的同事、中國古生物學家徐星發現了身披羽毛並生有四隻翅膀的恐龍化石（趙氏小盜龍），最終平息了古生物學界對於鳥類起源的長期爭論，證實了赫胥黎的理論是正確的。

托馬斯・亨利・赫胥黎（Thomas Henry Huxley, 1825—1895）是英國著名的生物學家、科普大師、達爾文理論的熱情捍衛者和宣傳者，自稱為「達爾文的鬥犬」。他最為著名的著作有《人類在自然界的位置》和《進化論與倫理學》（即《天演論》）。他的後代有英國著名的進化生物學家、人文學者、聯合國教科文組織首任主席朱利安・赫胥黎爵士（Sir Julian Huxley），英國著名作家、《美麗新世界》作者阿道司・赫胥黎（Aldous Huxley），1963 年生理學與醫學諾貝爾獎獲得者安德烈・赫胥黎爵士（Sir Andrew Huxley）。

赫胥黎最早提出鳥類是從恐龍演化而來的

赫胥黎是英國著名的生物學家與博物學家，他通過對鳥類與恐龍的骨骼結構的比較研究，在 100 多年前就提出了鳥類是從恐龍演化而來的理論。但這一理論在很長時期內，並沒有被大多數古生物學家所接受。19 世紀 70 年代初期，美國耶魯大學的奧斯特羅姆（John Ostrom, 1928—2005）教授通過對恐龍與始祖鳥的比較研究，

重新肯定了赫胥黎理論的正確性，但依然沒有被廣泛接受。直到 20 世紀 90 年代，在中國遼寧省西部發現了長有羽毛的恐龍化石，赫胥黎的鳥類起源於恐龍的學說才被普遍接受。遼西披羽恐龍化石也是 20 世紀世界上最重要的古生物學發現之一。

馬克思也曾慕名去聽赫胥黎演講

赫胥黎不僅是 19 世紀著名的生物學家，而且是著名的演講家。為了宣傳進化論和普及科學知識，他四處演講，從英國煤都紐卡素的採礦工人到倫敦的上流社會人士，他擁有無數的聽眾。當時居住在倫敦的馬克思，也曾幾次慕名前去聆聽赫胥黎的科普講座。

赫胥黎的傳世名言

赫胥黎有一句傳世名言：「儘可能廣泛地了解各門學問，並且儘可能成為某一門學問的專家。」（Try to learn something about everything and everything about something.）其實，赫胥黎本人就切切實實地做到了這一點。

第二部分　《天演論》

第一節　大自然的演變與生物演化的原理

思考是件挺費力的事

孔夫子説過：「學而不思則罔」，意思是：如果光讀書而不思考的話，就會胡裏糊塗沒有收穫。世界上最難的事，莫過於思考了，而人類最偉大的發現，往往來自某些傑出人物的奇思怪想。蘋果從樹上掉下來，原本是再平常不過的現象，一般人見了，不會覺得有甚麼好奇怪的。可是牛頓卻要去胡思亂想：為甚麼蘋果不是往天上掉呢？達爾文時代，人們普遍相信是上帝創造了世間萬物，可達爾文偏偏對此有一腦子的疑問，並找出了大量證據，推翻了這一信條。同樣，赫胥黎也特別喜歡思考。

赫胥黎的奇思怪想

有一天，赫胥黎獨自待在倫敦南郊家中的書房裏，往窗外遠望，他看到了外面一棟棟漂亮的小洋樓，一座座美麗的花園，一對對悠閒的男女在夕陽下散步、遛狗，遠處還有一大片長滿野草的荒地……他為眼前的這片美景深深地陶醉了。突然，他好奇地想道：2000多年前，在羅馬大將凱撒還沒有帶領兵馬到達這裏之前，此地大概還從未被人類開墾，還處在所謂「自然狀態」中。那麼，這裏會是一番甚麼樣的景象呢？

「離離原上草，一歲一枯榮」

那時候這裏還沒有房屋和花園，全是像遠處遺留的那片荒地一樣，是一片一眼望不到邊的「原生態」荒原，上面長滿了野草和矮樹，它們為了在貧瘠的土地上佔據各自的生存空間而相互爭鬥着。此外，它們還要跟夏季的乾旱和冬季的霜雪做鬥爭，還得抵禦一年四季從大西洋和北海不斷吹來的狂風。各種鳥獸和昆蟲也經常來騷擾和摧殘它們。它們每時每刻都在生死的邊緣掙扎。

野草雖小，歷史卻長

儘管如此，像白居易詩中所寫的那樣，「野火燒不盡，春風吹又生」。這些野草和灌木，仰仗着自己強大的生命力，堅忍不拔地活了下來。一年又一年，它們就是這樣在不斷的生存鬥爭中頑強地延續着自己的種族。

這種狀況在凱撒到來之前的幾千年甚至幾萬年間，也是如此。今天我們所看到的繁生在這裏的小黃芩，就是那些遠古時代使用石器的原始人類所採摘、踩踏過的小黃芩的後代。如果再往更遠古的時代追尋的話，它們的祖先在冰河時期寒冷的條件下，比現在還要茂盛呢。小黃芩只是一種微小的草本植物，它的祖先能夠忍受冰期的嚴寒而存活下來，這說明它比現有的屬種生命力更強呢。跟這種低等植物漫長的歷史比起來，人類文明史只不過是個小插曲而已。可是，如果赫胥黎進一步告訴你，在所有這一切出現之前，這裏曾是一片汪洋大海，你會相信嗎？

滄海變成了陸地

當然，赫胥黎這樣講不是沒有根據的，他發現：只要用鐵鍬挖起外面地表上那一層薄薄的草皮，就可以暴露出下面白顏色的石頭。這種石頭叫白堊，老師在黑板上寫字用的粉筆，就是用這種石頭做的。這種石頭跟附近海岸邊懸崖峭壁上的白色石頭一模一樣，是由無數個螺殼與蚌殼的碎片組成的。如果放在顯微鏡下，有時候還能看到比較完整的小螺殼呢。

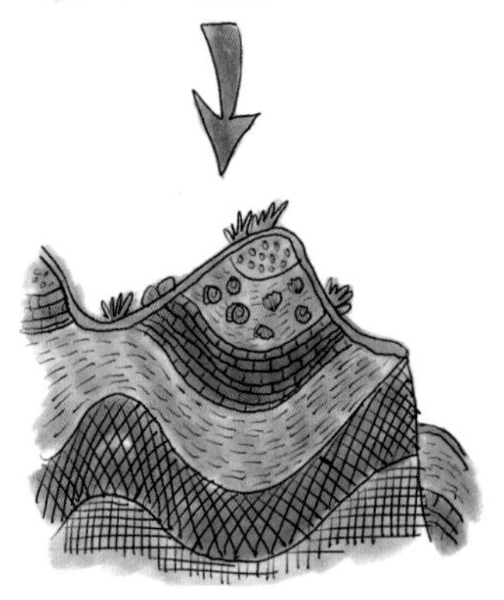

原來這塊地方在遠古時期曾經是海洋，生活在海洋裏的螺蚌外殼堆積起來，跟沉積在海底的其他泥沙膠結在一起，形成了一層一層的白堊。科學家們測定了這些白堊巖層的地質年齡後發現，在白堊形成與草皮出現之前，曾經歷過幾千萬年的時間。在這麼長的時間內，由於地殼的變動，先前的大海變成了陸地。

人不能兩次踏入同一條河流

古希臘哲學家赫拉克利特有句名言：「人不能兩次踏入同一條河流。」它的意思是說，河裏的水是不斷流動的，你這次踏進的河，水很快就流走了，等你下次再踏進這條河時，流來的卻是新的水。所以從嚴格意義上說，河水川流不息，你不可能兩次踏進同一條河流。換句話說，世上萬物都在不斷地變化，變化才是自然界不變的法則。

變化是絕對的，不變是相對的

您們或許有過這樣的經歷：一位幾年不見的親戚或朋友來訪時見到您，一定會對你以及站在您身旁的爸爸媽媽說：「瞧這孩子轉眼間長這麼大了，要是在外面碰上，我們肯定都認不出了。」如果您是女孩的話，他們肯定會加上一句：「真是女大十八變，越長越好看啦。」其實，這不單純是句寒暄的話，常常也是實情。爸爸媽媽整天跟您生活在一起，您成長中的緩慢變化，他們並不覺得明顯，但這些緩慢微小的變化積累下來，對幾年未見的親友來說，就感到十分明顯了。

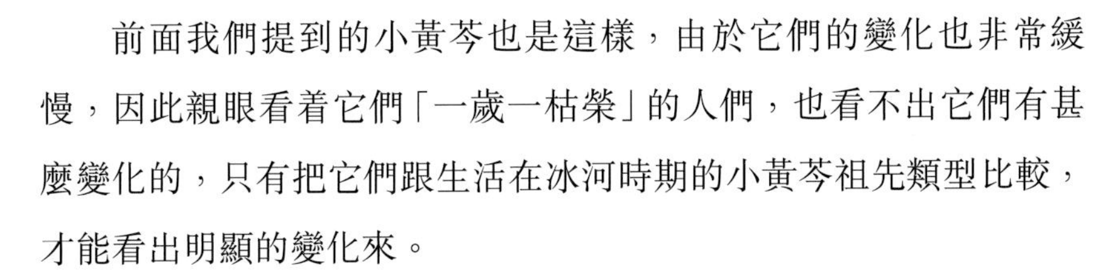

前面我們提到的小黃芩也是這樣，由於它們的變化也非常緩慢，因此親眼看着它們「一歲一枯榮」的人們，也看不出它們有甚麼變化的，只有把它們跟生活在冰河時期的小黃芩祖先類型比較，才能看出明顯的變化來。

白堊中的螺蚌殼也變啦

同樣，研究白堊中的螺蚌化石的古生物學家也發現，這些生活在海水中的螺蚌，經歷了千百萬年，也發生過很多緩慢的變化，比較明顯地反映在螺蚌殼的形狀以及表面花紋的變化上。

看來無論是植物還是動物，即使在沒有人類干預的情況下，自身也都會不斷地變化着，這就叫生物的演化（又稱進化）。下面讓我們來回憶一下《物種起源簡史》裏介紹過的生物演化論的一些基本概念吧。

沒有第一點，就不可能有演化；沒有第五點，就沒法解釋為甚麼有的變異會消失，而另一種變異會取代它；沒有第四點，自然選擇的動力就會消失。

溫故而知新

下面我們來溫習一下《物種起源簡史》前四章的要點：

1. 俗話說「一娘生九子，個個不一樣」，所有的植物和動物都會出現可遺傳下去的變異；

2. 在生物界沒有生一胎、二胎的規定，因此，所有的生物都趨向於無限制地進行繁殖；

3. 大自然的食物來源和生存空間都是有限制的；

4. 為了爭奪有限的食物和生存空間，大自然中生存鬥爭無處不在；

5. 每一個微小的變異，只要對生物有利就會被保存，凡是有害的就會遭到清除，這就叫「自然選擇」。

小黃芩勝過了猛獁

我們前面提到的小黃芩，是外表看起來很不起眼的草本植物，它在冰河時期嚴酷的環境條件下，在激烈的生存鬥爭中勝利地延續了下來，一直到今天還在茁壯地生長着，而那些跟它同時代的猛獁、披毛犀等龐然大物卻早已絕滅了。按照生物演化論的觀點，小黃芩能夠生存下來，就證明了它是生存鬥爭中的勝利者。

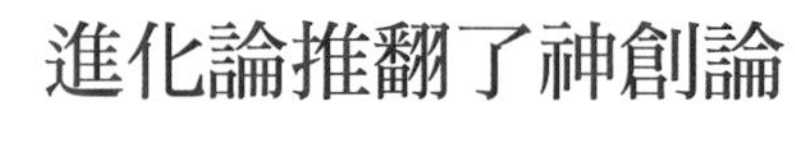

進化論推翻了神創論

通過赫胥黎的這番思考，我們看清了生物演化原來是一種自然過程，就像從一粒種子發育成為一棵樹或從一個雞蛋孵出一隻小雞那樣，完全不需要上帝或其他超自然力量的干涉，從而破除了人們對上帝造人或女媧造人的迷信。

科普大師赫胥黎

赫胥黎真不愧為科普大師，他通過前面所描述的這一番遐思，就把達爾文理論的基本內容解釋清楚了。他還曾從一支粉筆説起，向英國的煤礦工人講清楚白堊是如何形成的，而且介紹了整個英國地質歷史，並講述了英國的煤礦是在甚麼時候以及甚麼情況下形成的。

嚴復在翻譯前面這一節內容時，是分成三節來介紹的，並不時插入自己的想法。除了赫胥黎對達爾文理論深入淺出的解讀之外，真正使《天演論》在近代中國聲名大噪的原因，是嚴復優美的譯文以及他在每一章節譯文後面寫的按語。例如，他把生存鬥爭翻譯成物競，把自然選擇翻譯為天擇，「物競天擇，適者生存」朗朗上口，迅速流傳開來。

小貼士：斯賓塞（1820—1903），是19世紀英國著名的哲學家、社會學家、作家，他把達爾文的生物進化論運用到人類社會及其他方面，因此被稱為「社會達爾文主義之父」。

其實嚴復最佩服的是斯賓塞

「適者生存」一詞來源於英國哲學家斯賓塞的「最適者生存」（survival of the fittest），達爾文從《物種起源》第五版開始，才在華萊士的建議下，開始採用「最適者生存」作為「自然選擇」的同義詞。達爾文萬萬沒有想到的是，斯賓塞很快藉着這一表述，把達爾文的進化論從生物學推廣到社會學領域。斯賓塞因此變成了公認的「社會達爾文主義之父」，從而也成了嚴復心目中的偶像。

甚麼是社會達爾文主義？

斯賓塞認為「生存鬥爭、優勝劣汰、適者生存」這些概念不僅適用於生物界，而且同樣適用於人類社會。比如，他公開反對當時英國政府救濟窮人的政策，他認為窮人是生存鬥爭中的弱者，應該讓他們自生自滅地被淘汰掉，政府不應該幫助他們。由於斯賓塞用達爾文的自然選擇作為他這一觀點的理論基礎，所以後來人們就把斯賓塞這一觀點稱為「社會達爾文主義」。你們說達爾文冤不冤枉？他為此不明不白地背了個黑鍋。

無辜的赫胥黎

相比起來，赫胥黎比達爾文還要冤枉呢！本來赫胥黎寫《進化論與倫理學》這本書的目的，是批駁斯賓塞的社會達爾文主義、替達爾文申冤，但他做夢也沒有想到，遠方的中國有一位老夫子嚴復，把他的書翻譯成中文，並塞進了自己的私意，硬是把它變成一本鼓吹社會達爾文主義的書。按照現在的流行說法，赫胥黎這是躺在地上中了槍，他若是晚死幾年並知道這件事的話，肯定要被活活氣死的。

為了打鬼藉助鍾馗

過去，中國人家逢年過節，為了驅災避邪，都會在門上貼一幅《鍾馗打鬼圖》。「為了打鬼藉助鍾馗」說的就是這個意思。同樣，嚴復也是看中了赫胥黎書中列舉的大量生物演化論的通俗比喻，因此借赫胥黎的書作為平台，來宣揚斯賓塞的優勝劣汰、適者生存學說，以此激勵中華民族奮發圖強。100 多年來，由於嚴復翻譯的《天演論》在中國的巨大影響，多數人誤認為它就是赫胥黎的原意呢。在本書中，我力圖把赫胥黎的原著與嚴復的評論分開來介紹，這樣你們既了解了赫胥黎的原著，也明白到嚴復「篡改」的苦心。

嚴復的按語

在赫胥黎原書第一節之後，嚴復用按語非常精練地總結了達爾文理論的精華，同時很快就把斯賓塞的社會達爾文主義搬了出來：斯賓塞用進化論的原理論述了人類社會羣體的生存法則，這是歐洲自人類出現以來所產生的最轟動的傑作。有眼光的人應該明白地球上的資源有限，那些善於謀生的人能夠掠取大量資源而生活富足，而沒有本事的人就感到生存困難。當今世界的各種競爭如此激烈，必然是優勝劣汰、適者生存。

下面我們繼續跟着赫胥黎的原著，看看他究竟想討論甚麼問題。

第二節　「巧奪天工」的人造景觀

赫胥黎家的後花園

前面我們所講的內容都是有關赫胥黎屋外遠處那片處於自然狀態的荒地的。那片荒地與赫胥黎家裏的後花園之間，有一堵牆隔開，因此圍牆裏的後花園是被人為保護的環境。花園裏的花草，不會被外人或野獸隨意採摘或踐踏；而且這些花草跟外面那些野草和小黃芩也完全不同。房屋的主人按照自己的喜好，把原來的植被儘可能地清除掉，栽種上自己覺得賞心悅目的花草以及可以食用的蔬菜和瓜果。現在這個經過人工處理的園地，跟牆外遠處那片荒地比起來，顯然是完全不同的一番景象了。

牆裏牆外兩重天

花園中的這些花草和蔬果，很多都是從外地移植過來的、經過人工培育的品種。它們原本不一定會適應這裏的環境條件，全靠園丁們的辛勤打理，提供它們滋長繁榮的條件，它們才在這裏扎下根來，茁壯成長。

但是，經過常年風吹雨打，花園的圍牆和門戶會因雨水的侵蝕而腐爛朽壞。如果園丁的注意力稍微鬆懈，牆外的野獸就會溜進來破壞這些美麗的植物；鳥和昆蟲可以從牆外飛進來，破壞蔬菜瓜果；外面那些野樹和野草的種子也會被風大量吹進花園來，並落地生根，發芽瘋長起來。由於這些野樹野草是土生土長的，長期以來適應了本地的環境，它們會

很快打敗園內這些人工精心培育的外來者。這樣一來，不出一、兩百年，這個美麗的後花園，又是一片雜草叢生的荒地了，除了殘留的牆根之外，跟牆外的荒地沒甚麼兩樣了。

赫胥黎的本意

赫胥黎把牆外的生物稱作自然的產物，認為它們是經過長期演化最適宜本地環境的物種，他把牆內的植物稱作人工的產物。這兩者之間的生存鬥爭就是如此殘酷地進行着的。

赫胥黎通過自家後花園百花爭豔的例子試圖說明：一方面，人類的智慧與力量使人類在與自然的鬥爭中能偶爾獲勝；另一方面，人類的力量（即人工）在大自然面前終究是有限的，在自然狀態中發生作用的宇宙威力（即天工）最終還是要佔上風的。

嚴復的按語

首先，嚴復不同意本地原產的物種是最適宜在當地生存的說法。他用土著居民常被外來移民擊敗為例，感嘆我們不能單單為種族的人口眾多而沾沾自喜，必須要奮發圖強，才能在人類的競爭事業中立於不敗之地。

如我前面所說過的，嚴復對於中國在鴉片戰爭中受到的挫敗，有着刻骨銘心的感受。但他不顧赫胥黎原文的意思而盡情抒發自己的感受，總讓人覺得他跟赫胥黎之間形似「雞同鴨講」。

在下一節裏，我們就能更清楚地看出，赫胥黎所講的與嚴復所想討論的，根本不是同一回事。

第三節　天工與人工的較量

橋與船的啟示

上一節講到的人工建造的花園，雖然美輪美奐，卻時刻受到自然力破壞的威脅，如果不是園丁持續精心打理的話，似乎大自然存心要使它恢復到原生態的景象。這種天工與人工較量的例子，在現實中處處可見。

英國福斯河的鐵橋以及海上的鐵甲艦，是赫胥黎信手拈來的又極為通俗的兩個例子：風吹雨打會使鐵橋表面的油漆剝落、引起生鏽，每天水漲水落的沖擊都會削弱橋基，氣溫變化引起的熱脹冷縮會使鐵橋各部分的連接鬆動、產生摩擦而造成損耗，因此護橋工人們必須經常勘察和維修它，就像鐵甲艦在海水的侵蝕下必須定期地送進船廠檢查和維修一樣。

大自然總是跟人類作對

人類原本是自然界的一員，是通過億萬年的生物演化而來的。但是自從人類用自己的智慧與力量試圖改造大自然以來，人類與大自然的相互爭鬥就一直沒有停息過。比如，人類為了防止洪水氾濫而修堤築壩，大自然總是利用螻蟻穴和老鼠洞等來破壞堤壩的根基（「千里之堤，潰於蟻穴」就是說的這一現象），或以更兇猛的洪水來沖垮堤壩。

左右臂互相較勁

按照赫胥黎的觀點，人工與天工之間處處表現出對抗性，儘管人有肉體、智力和道德觀念，但他們跟雜草一樣，都是自然界的一部分，是生物演化的產物。人與自然的抗爭，就像一個人用雙手分別抓住一條繩子的兩端，使勁想把繩子拉斷一樣，雖然左右臂之間的用力是互相對抗的，但兩種力量都來自同一體內。這個比喻是不是很形象呢？您不妨拿根繩子來試試看。

嚴復的按語

嚴復在斯賓塞與赫胥黎的不同觀點之間，支持斯賓塞而批評赫胥黎。首先，他力挺斯賓塞，說斯賓塞所談論的進化之道，是看到順從大自然的天性，像黃帝和老子那樣，對大自然崇敬有加、寬厚為懷；人類就是要順從天性。接着，他解釋說赫胥黎的《進化論與倫理學》反對這一觀點，是因為有些人過於強調任天為治。

我在這裏必須特別指出，斯賓塞與赫胥黎的不同之處，並不像嚴復上面所講的那樣。其實，他們之間的爭議主要不是人類對大自然的態度，而是人類對自身的態度。斯賓塞強調人類可以依據天性「自行其是」，而赫胥黎則從道德倫理出發，強調人類必須「自我約束」。

第四節　人工選擇與自然選擇的抗衡

歪解唐詩

唐朝有位叫李紳的詩人，寫過兩首憐憫農夫的小詩：「春種一粒粟，秋收萬顆子。四海無閒田，農夫猶餓死。」「鋤禾日當午，汗滴禾下土。誰知盤中餐，粒粒皆辛苦。」前一首揭露了社會的不平等：農民辛苦勞作，雖然糧食豐收，卻被餓死。後一首教育我們糧食來之不易，要珍惜農民的勞動果實。從演化論角度，我對這兩首詩做以下的「歪解」。

廣種薄收與精耕細作

如果你春天撒下一粒種子，不管不問的話，到了秋收季節，別説是收「萬顆子」了，恐怕連收十顆子也難。我們知道，在自然狀態下，一棵樹或一根草，通常產出千百顆甚至上萬顆種子，以確保有那麼一兩顆會成活，這是自然界「廣種薄收」的模式，這顯然是為生存鬥爭所迫，也是自然選擇的結果。

那麼，要想「春種一粒粟，秋收萬顆子」的話，必須採取「鋤禾日當午」這樣「精耕細作」的模式：農民在春天撒下種子之後，還要經常到田裏去澆水、施肥、殺蟲、除草。「鋤禾」不僅是除草，有時也可能是間苗。間苗就是為了莊稼長得好，把多餘的幼苗除去，使幼苗之間保持一定的距離，以免生長期間為了爭奪有限的養料和水分而互相打架。其實，這也是一種人工選擇的方式。

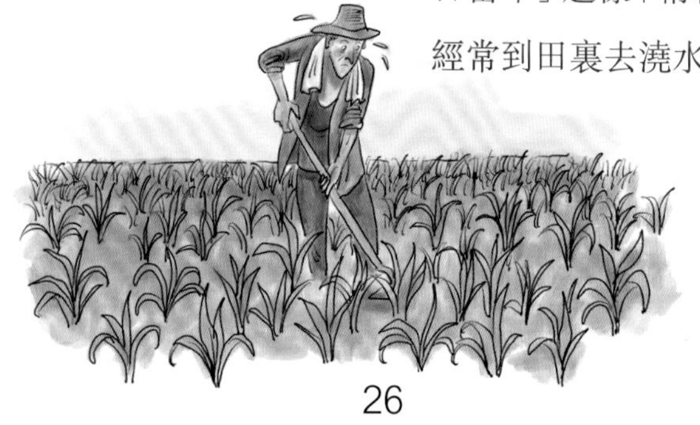

生存鬥爭是自然選擇的引擎

前面我對唐詩的歪解，也印證了赫胥黎先前所說的「沒有生存鬥爭，自然選擇就失去了動力」。優勝劣汰是物競天擇的最高信條，赫胥黎家後花園牆外的荒地，在自然狀態下，聽任萬物自生自滅，強者生存，弱者滅亡。在外面的荒野上，各種生物無限制地繁殖，於是成百上千的生物為了有限的生存資源和空間而殊死搏鬥。自然界以冰霜、乾旱、病蟲害以及天敵來消滅弱者和不幸者。倖存者除了具備強大的生命力之外，還要有靈活的適應性以及好運氣。然而，發生在花園裏面的情形就完全不同了。

人工選擇消除了生存鬥爭

像農民伯伯在田裏間苗一樣，園丁在花園中也限制植物的繁殖，給每一株植物留足充分的生長空間和養料，保護它們不受嚴霜及乾旱的摧殘，不被外來的動物侵害，也就是說，盡力排除一切引起生存鬥爭的條件來消除那種鬥爭。如此一來，主人就會得到自己想要的瓜果蔬菜和花卉。

看到這裏你們也許會問：既然生存鬥爭終止了，那麼這些植物還有可能向前發展和演化嗎？

遺傳變異不停，演化不止

生物演化的物質基礎是遺傳與變異，自然選擇只是一種選定某些有利的變異並把它們保存下來的手段而已。雖説生存鬥爭是自然選擇的驅動力，但它只是實現自然選擇的手段之一。人工栽培的瓜果蔬菜與花卉不是由於生存鬥爭而自然選擇出來的產物，而是人工選擇的直接產物。因此，只要遺傳變異不停（事實上也絕不會停），這些植物便可能繼續演化或被改良。

「玫瑰不叫玫瑰，依然芳香如是」

莎士比亞有一句名言：「名稱有甚麼關係呢？玫瑰不叫玫瑰，依然芳香如是。」（What's in a name? That which we call a rose by any other name would smell as sweet.）玫瑰又稱刺玫花，原產中國，白居易有「菡萏泥連萼，玫瑰刺繞枝」的名句（意思是：荷花雖美，但花萼與泥相連；玫瑰雖香，但枝上被刺纏繞）。由於玫瑰花美麗芳香，成為幾乎遍布全世界的栽培花卉，經過長期的人工選擇、培育和雜交，現在世界上玫瑰的品種超過 15000 種。這説明只要遺傳變異存在，缺乏生存鬥爭、嬌生慣養的玫瑰花照樣會演化發展。同樣，在人工栽培下，野生甘藍變成了捲心菜、大白菜和西蘭花。

人力有時可小勝

通過前面一系列的例子，我們看到：在自然狀態下，生物必須調整自身以適應現實的環境條件，否則就會在生存鬥爭中被擊敗。而園藝，則是通過人工來調整環境條件，使它滿足園丁所培育的植物生命類型的需要。後一種情況，是人類跟大自然對抗中偶爾取得一些小勝的實例。但如果就此認為「人定勝天」的話，那就大錯特錯了。

笑到最後的是大自然

赫胥黎指出，人類能控制自然的範圍是有限的。如果恐龍生活的白堊紀時代的極度乾旱和炎熱的環境在地球上重現的話，恐怕最靈巧的園丁也不得不放棄種植蘋果樹！如果冰河時代的環境再次出現的話，那些露天的龍鬚菜苗床以及南牆邊上的果樹，都會被活活地凍死。「人定勝天」豈不是痴人説夢嗎？

嚴復則加進了他自己的例子：如果某一園林位於大河附近，遇上洪水氾濫、堤壩潰決，房屋連同園子全被洪水淹沒，這時主人連自救都顧不及，哪裏還有心思拯救水淹的園林呢？

所以，大自然的威力是人力所無法控制的，人力戰勝自然的例子是比較少的。

讓我們來複習一下《天演論》前六節的要點

我前面曾經提到，嚴復翻譯的《天演論》把赫胥黎原著《進化論與倫理學》的第一節分成三節；因此，我這裏所説的《天演論》前六節實際上是《進化論與倫理學》的前四節。《天演論》的前三節（即《進化論與倫理學》的第一節）介紹了自然狀態（即原生態）的演變以及生物演化論的原理。後三節介紹了花園裏的人為狀態，並藉此討論了自然狀態與人為狀態的較量，以及自然選擇與人工選擇的抗衡。

赫胥黎告訴我們

● 所有的植物和動物都會出現可遺傳下去的變異；沒有遺傳和變異，就不可能有演化。

● 每一個微小的變異，只要對生物有利就會被保存，凡是有害的就會遭到清除，這就叫「自然選擇」；沒有自然選擇，就沒法解釋為甚麼有的變異會消失，而有的變異卻會被保存下來。

● 所有的生物都趨向於無限制地進行繁殖，而大自然的食物來源和生存空間卻是有限制的，因此，為了爭奪有限的食物和生存空間，大自然中生存鬥爭無處不在；沒有生存鬥爭，自然選擇的動力就會消失，但人工選擇可以取而代之。

小園風流總被雨打風吹去

像赫胥黎家的後花園那樣的人類精心打造的園林，總是趨向於被大自然的力量所破壞。大自然似乎總是要恢復它的粗獷與放任自

流，而人類也總是要奮力與大自然抗爭。從中國古代的大禹治水到 19 世紀在埃及修築的蘇彝士運河，都是人類戰天鬥地的例證。「與天奮鬥其樂無窮，與地奮鬥其樂無窮」的豪言壯語，雖然激勵人們的鬥志，但是人類的力量在大自然面前常常顯得很單薄。「萬里長城今猶在」，但留下來的只是斷垣殘壁而已。儘管如此，赫胥黎依然堅持認為，人類不能被動地聽任自然擺布，人工要跟天工較量，人工選擇可與自然選擇抗衡。嚴復則認同斯賓塞的觀點，即人類要遵循自然之道，順從天性。其實，雙方至此為止的討論，並不在於人類對大自然的態度上，而是為後面的爭論打伏筆、做鋪墊呢。

「醉翁之意不在酒」

在人和自然的關係中，嚴復接受斯賓塞的學說，認為：人類也是有機體，跟自然界的其他生物一樣，因而生存競爭、自然選擇的法則，也同樣適用於人羣中。生物演化論完全可以運用到社會發展中去。然而，赫胥黎卻強調：人類社會的倫理關係，與生物演化的法則不同，人類具有高於一般動物的天性和感情，能夠互相幫助、互相愛護，不同於自然界的生存競爭。因此，社會才不同於自然，倫理學才不同於進化論。讓我們接下來去探索雙方「在乎山水之間」的本意吧。

第五節　開拓殖民地與修建花園的相似性

英國殖民地塔斯曼尼亞的建立

澳洲東南端約 240 公里的外海上，有一個呈心形的大島，叫塔斯曼尼亞，它與墨爾本隔海相望，風景十分秀麗。塔斯曼尼亞荒野是目前島上所保留的最大的一塊自然生態保護區，它保留了 18 世紀中葉英國殖民者登陸該島前的原生態景觀。像凱撒入侵英倫之前的不列顛荒島一樣，在英國殖民者到達之前，塔斯曼尼亞整座島都是如今塔斯曼尼亞荒野那樣的荒島，而且島上的動物和植物跟英國的都完全不同。出沒在這裏的動物是袋鼠、袋狼、袋熊、袋獾和有袋刺蝟等，那些英國人當初看了，都好奇得不得了。

殖民者修建自己的樂園

像我們前面敍述的赫胥黎家後花園的修建過程一樣，英國殖民者在登上塔斯曼尼亞島之後，首先就在他們的生活區域內鏟除原先的自然狀態，他們清除本地的植被，栽種上從英國帶來的果樹和農作物，並從英國引進塔斯曼尼亞島上原來沒有的家畜家禽，如馬、牛、羊、狗以及雞、鴨、鵝等。為了保護這些外來的生物不被本地的土產動物騷擾和破壞，他們也同樣要想辦法把土產動物趕盡殺絕。

農牧場好似大花園

換句話說，這些殖民者在塔斯曼尼亞所開闢和建立的農場和牧場，實際上相當於超大型的園林，他們也就是維護和打理這些巨大園林的園丁。他們破壞了舊的生態，建立了全新的動植物區系。同時，他們鵲巢鳩佔，趕走了當地的土著人羣（原住民）。

從前面描述的如何維持赫胥黎家後花園的例子中，我們了解到，自然狀態與人為狀態的對抗是持續不斷的。因此，殖民者對殖民地的開發活動，也不是一勞永逸的事。

攻城難，守城更難

事實上，殖民者開拓殖民地、物種侵入一個新的地域，跟侵略者入侵人家的國土一樣，要麼征服對手，要麼被對手消滅掉，除此而外，沒有第三條路可走。

你們肯定理解：侵略者與被侵略者之間，是你死我活、生死搏鬥的關係。試想那批最初登陸塔斯曼尼亞的英國殖民者，如果他們稍微懶惰、鬆懈或粗心大意，土著居民就會消滅他們、奪回自己的家園。同樣，土著生物也會擊敗來自英國的動植物。不出幾十年，一切又會恢復原狀：殖民地蕩然無存，舊的自然狀態捲土重來。

那麼，殖民者怎樣才能避免這種隨時可能降臨到他們頭上的厄運呢？

第六節　建設「伊甸園」

治國如治園

設想登陸塔斯曼尼亞的第一批英國殖民者中有一位出類拔萃的領袖人才，他的能力超過其他所有人，因此被大家推選出來管理島上的公共事務。他的行政管理方式，跟園丁打理花園類似。像園丁要建造和維護一座百花鬥豔的美麗園林一樣，這位行政長官也想在這裏建立和維持一個欣欣向榮的和諧社會，就像中國古代偉大的文人陶淵明所夢想的那種人們能過着安定幸福生活的世外桃源，也就是西方人通常所說的「伊甸園」。

桃花源裏可耕田

陶淵明在《桃花源記》中描述了一個叫桃花源的世外仙境，在那裏人們悠閒地捕魚、安詳地耕作，沒有官府的壓迫和苛捐雜稅的重負，過着怡然自樂的田園生活。

相比起來，前面所談到的英國殖民者最初登陸時的塔斯曼尼亞，可不就像桃花源那樣的世外仙境 —— 這種仙境是要靠他們去精心打造的。

首先，這位行政長官必須帶領手下的人，徹底消除來自外部的各種競爭威脅：把島上原先自然狀態下的競爭者，不管是土著人羣還是土生土長的動植物，一律趕盡殺絕。同時，他還要像園丁精心選擇植物花卉那樣，挑選出各類人才，來參加建設這個小小的社區。

以民為本

除了上面提到的要排除外部競爭威脅之外，還要消除殖民者內部可能出現的生存競爭，以免由於內耗而削弱了人們與大自然鬥爭的力量。因此，行政長官必須在殖民地內推行「以民為本」的政策。首先，為人民提供必需的生活資料，使他們不為衣食住行發愁，並且能老有所養、病有所醫。

法治社會

凡是有人羣的地方，就會有人與人之間的紛爭，比較強勢或狡猾的人可能會欺負別人或奪取他人的生活資料。因而殖民地內要制定相關法律，來懲治這類損人利己、自行其是的行為。為此，還得通過設立警察、法庭以及監獄等來建設法治社會。

壓制生存鬥爭，排除自然選擇

顯然，上面提到的這些建設「伊甸園」的措施，跟前面所講的園丁管理園地是相似的。換句話說，就是要竭力壓制自然狀態下「大魚吃小魚，小魚吃小蝦」式的生存鬥爭，完全排除那種「適者生存」的自然選擇，而是按照行政長官或園丁的預定理想來進行人為的選擇。

那麼，讓我們接下來去看看，這樣做的結果會如何呢？

真正的伊甸園

按照上面的設想和舉措，這位行政長官可望建立起一個人間樂園。在這裏，人民過着豐衣足食、快樂安康的幸福生活，自然界裏那種殘酷的生存鬥爭消失了，人們不再需要去適應周圍的環境，而是在為他們創造好的環境下努力工作就行了。同時，由於法制完善、社會公平，社會成員之間合理地分工合作、相互支持與愛護，人與人之間的生存競爭也不再存在。這樣的理想社會，簡直就是真正的伊甸園！

莫爾發表於 1516 年的《烏托邦》第一版中的插圖

莫爾與《烏托邦》

赫胥黎所設想的這種人間樂園，不僅中國古代的陶淵明曾經夢想過；在赫胥黎之前，英國曾有一位著名的社會學家、哲學家和政治家莫爾（Thomas More, 1478—1535）也寫過一本《烏托邦》，活靈活現地編織了一個政治寓言，説是在南美洲巴西的大西洋外海上發現了一個叫烏托邦的島國，是個像伊甸園一樣的「理想國」。

很有意思的是，莫爾用的「烏托邦」(utopia) 一詞，在拉丁文裏是指「不存在的地方」；可是在英語裏與它發音相同的詞 (eutopia) 卻是指「美好的地方」。

柏拉圖的《理想國》

其實，人們對這種烏托邦式的理想社會的夢寐以求，是源遠流長的。在西方可以追溯到古希臘哲學家柏拉圖所寫的《理想國》一書。在中國，孔孟之道的「仁政」思想，也是要建立這樣一種「民貴君輕」、人性本善、人民可以安居樂業的理想社會。

在那遙遠的地方

人們對這種理想社會孜孜以求，但古今中外，上下幾千年，雖有無數志士仁人為這一理想社會的實現而前赴後繼、英勇奮鬥，可是迄今為止世界上還沒有存在過這樣一個理想國，所以人們把它稱作「烏托邦」——一個美好但不存在 (或遙遠而難以到達) 的地方。

喜歡胡思亂想的赫胥黎，對此做了進一步的思考：如果真的建立起這種烏托邦式的伊甸園的話，它能否長久地保持下去呢？

第七節　人口過剩問題

伊甸園裏的毒蛇

《聖經》裏的創世記中說，上帝創造了亞當和夏娃之後，把他們放到了伊甸園裏，並告訴他們不可偷吃園子裏一種樹上的果子。可是，在一條毒蛇的誘惑下，夏娃不僅自己偷吃了那棵樹上的禁果，而且還把果子拿給亞當吃了。上帝發現之後，一氣之下把他們雙雙趕出了伊甸園。赫胥黎在上文曾把他設想的塔斯曼尼亞「理想國」比喻成伊甸園，現在他借用這個典故說：這個伊甸園裏也有蛇，並且是一種很陰險的動物。這條毒蛇就是人類自身強大的生殖本能。

伊甸園裏人滿為患

人類跟其他生物一樣，有着高速繁殖的傾向。在《物種起源》中，我們了解到：在自然狀態下，動植物的高度繁殖，在慘烈的生存鬥爭中，被優勝劣汰的自然選擇嚴格地控制着。但是在那位行政長官英明領導下的塔斯曼尼亞人間樂園裏，由於政通人和，人民的生活安定幸福，人口的繁殖很快。此外，良好的醫療條件，使得新生兒成活率高、病人得到及時醫治、老年人得以延年益壽，更加速了人口的增長。不需要太長的時間，這個塔斯曼尼亞的伊甸園裏就會變得人滿為患。

馬爾薩斯人口論

馬爾薩斯人口論是英國經濟學家馬爾薩斯在 18 世紀提出的一種經濟學理論，他認為，人口自然增長總是趨向於超過食物供給的增長，因此人類必須控制人口的自然增長，否則貧窮和戰爭是人類無可避免的命運。

在塔斯曼尼亞的那個伊甸園裏，這種現象注定也難以避免。殖民者一開始繁殖，不需多久就會引起對生活資料的競爭。這樣就會使行政長官面臨生存鬥爭在這個人為組織中死灰復燃的問題。當人口增長達到生活資料能夠支持的極限時，該行政長官就要設法解決人口過剩的問題了，否則已經被刻意消除的生存鬥爭又會捲土重來，人們安定團結、和平幸福的局面就會被打破。這該怎麼辦呢？

長治久安無良策

假如該行政長官單純地從科學原則方面去考慮和應對這一難題的話，事情也許會相對簡單一些。既然他已竭盡全力，再也無法增加生活資源的產出，那他只能像園丁或農夫那樣，採取移植和間苗等辦法，去系統地消除過剩者，以便應對這樣的困境。可是，對於處理過剩人口來說，這些辦法究竟意味着甚麼？從人類的道德倫理角度出發，他能夠這樣做並且行得通嗎？

拉着頭髮把自己從地上提起來

社會一旦政通人和、穩定繁榮，人民得以豐衣足食、安居樂業，人口一定會高速增長、出現生育高峯，這便會觸發新一輪的生存危機和生存鬥爭。由於殘酷的自然選擇在「理想國」中已被清除，要解決人口過剩問題，只能進行人為的選擇。無論讓誰去執行這種選擇，都像是要求此人拉着自己的頭髮把自己從地上提起來一樣，不僅異常困難、痛苦，而且難以達到目的。

移植與殖民主義擴張

在園地或農田裏，如果植株太密的話，園丁或農夫所能想到的辦法，首先是設法把一些過密的植株移栽到植株相對比較稀疏的地方。但這種辦法的效用是有限的。如果整個園地或整塊農田的植株都已經過密了的話，那就只能把它們移栽到鄰家的園地或農田裏去。這就像英國的殖民者裝上滿滿的一船人，運送到塔斯曼尼亞去建立殖民地一樣，必然要跟鄰居（或他國）發生衝突和戰爭。這種嫁禍於人的辦法，並不總能見效，而且非長久之計。因為殖民地國家的人民總是堅持反抗的，直到最終把殖民者打敗，趕走為止。

間苗與種族清洗

前面已經提到過農民伯伯為甚麼要在「烈日炎炎似火燒」的大熱天裏辛勤地除草、間苗。但是把這種辦法運用到控制人口上，顯然是慘無人道的。因此，赫胥黎在書中根本就沒有討論這一可能性。然而，就在他的這一著作發表不到半個世紀之後，這樣的慘劇竟在當時的德國上演了。這就是以希特拉為首的德國納粹對猶太人實施的種族大清洗。在 10 多年裏，納粹屠殺了 600 多萬猶太人、吉卜賽人以及殘疾人和政治犯，是 20 世紀世界歷史上最黑暗、最恥辱的一頁。

上面兩種方式都是在人滿為患的情況下，所採取的「亡羊補牢」的補救辦法。另一種辦法是：在確保人民生活需要的前提下，先計算好各種生產和生活資料的多少，來決定允許每戶生兒育女的數字。中國從 1971 年開始，把控制人口增長的指標首次納入國民經濟發展計劃，並於 1982 年把計劃生育作為基本國策寫入憲法。2002 年 9 月，《中華人民共和國人口與計劃生育法》施行。這期間 30 多年中，從提倡到規定每對夫婦只生一個孩子，中國有效地控制了人口過度增長。

計劃生育面面觀

從 2016 年 1 月 1 日開始，中國全面實施每對夫婦可生二胎的計劃生育政策。根據估算，過去的 40 年間，中國少生了 4 億多人。雖然這一政策在實施過程中，在國際上曾飽受爭議甚至被批評指責，在國內也曾遭遇到種種阻力，但這在世界歷史上是人類第一次理智並有效地控制了人口過度增長，避免了馬爾薩斯所指出的通過饑荒、瘟疫或戰爭解決人口過剩的方式。如果赫胥黎地下有知，他也會驚奇不已的。

出乎赫胥黎意料之外，卻在嚴復臆想之中

中國式的計劃生育舉措，是赫胥黎所萬萬沒有想到的！可是，十分有趣的是，嚴復在翻譯《天演論》過程中加進自己的想法時，卻曾經提到過這種辦法，但是在反覆掂量之後，還是覺得不太可行。他的理由是：1. 人口增長的幅度和數字極難統計和預算；2. 即使用先進的數理統計方法能做出精確的統計和預算，通過甚麼樣的技術和方法才能實施這一計劃呢？

百思不得其解之後，嚴復又轉回到斯賓塞的思路上，這恰恰是被赫胥黎所抨擊的。

「猶抱琵琶半遮面」

嚴復在人口問題上，當然還是相信斯賓塞的社會達爾文主義觀點的。但是，為了避免「政治上不正確」，他羞羞答答地編了個「客說」的故事塞進了《天演論》，借用一個不知道叫甚麼名字的「議論者」的嘴說出來：有些事表面上看起來不人道，但是細想起來也許並非如此。比如，既然人口過多會引起競爭，並造成一部分人消亡，而死者又不全是壞人，那麼為甚麼不先把壞人除去而把好人保留下來呢？

知易行難

這個成語的意思是說：認清一件事的道理比較容易，但真正做起來就困難得多了。嚴復緊接着在本節末尾的按語中也坦率地承認：認識和理解這位「議論者」所說的道理很容易，但要是實行起來恐怕非常難。他舉了個例子：瑞典政府曾經要求夫妻結婚前必須經過政府的體格審查和批准才行，但是實施起來根本就行不通。赫胥黎在下一節就專門討論實行優生優育的困難。

第八節　對人口優生優育進行人為選擇的困難

誰來選擇？

在《物種起源簡史》中，我們曾見過「人工選擇像魔術師手中的魔棒」一樣，一種野生甘藍經過園丁們的選種培育，長出了捲心菜、大白菜、白花菜和西蘭花；而我們今天看到的形形色色的鴿子，都是從一種野生巖鴿經過馴化培育出來的。那麼，這種選種擇優的方法，能不能用在人類自身的「優生」和「優育」上呢？赫胥黎首先懷疑：誰有資格來進行選擇呢？

馬羣裏找伯樂

赫胥黎認為，把生物演化論用於人類社會，或是把人工選擇用於人類自身，在很大程度上基於這樣一種看法，那就是可以在人羣中找到像我們前面提到的那位智慧超羣的殖民地行政長官一樣的人。赫胥黎用了一個比喻來諷刺這種想法：讓鴿子們成為自己的西布賴特爵士（Sir J. Seright）。西布賴特爵士是達爾文在《物種起源》中提到的19世紀英國著名的農學家，尤其以擅長改良家畜家禽和培育鴿子而出名。讓我們換一個中國的典故來代替這個諷刺比喻吧，那就是：讓一羣馬成為挑選自己的伯樂。中國古代傳說中，把天上管理馬匹的神仙叫伯樂。而在人間，人們把善於鑒別好馬與劣馬的人，也稱作伯樂。

不存在的「社會救世主們」

《國際歌》中有句歌詞：「從來就沒有甚麼救世主，也不靠神仙皇帝。」赫胥黎就把試圖選擇人類優劣的人們諷刺為「社會救世主們」，而他進一步諷刺說：對於那些喜歡做這類事的「社會救世主們」，他們產生這一想法本身，就說明他們沒有多少智力，即使有那麼一丁點兒智力，也早都出賣給了養活他們的資本家了。

從小看大，3 歲知老？

中國有句俗話：「從小看大，3 歲知老。」從對孩子進行早期教育這點來說，這話是絕對沒錯的！但是，如果把這句話狹義地理解成：從一個 3 歲的孩子身上，就能看出他將來會如何如何，那純粹是胡說。

赫胥黎舉例說，即使一位最會「看相」的人，假如給他 100 個 14 歲以下的少年兒童，讓他來挑選哪些人今後對社會貢獻巨大、哪些人長大以後會危害社會，恐怕他根本無法做出任何令人信服的選擇。

嚴復也不得不承認赫胥黎的看法有道理，並且說，我們通常所做的育人育才工作，跟真正的「人工選擇」還不是一回事。

既然人類中找不出一位先知先覺的人物或行政長官來擇優選良，那麼人類怎樣使社會逐步完善呢？接下來讓我們看看赫胥黎是怎樣從蜜蜂那裏找出答案的。

第九節　蜂巢裏的原始共產主義社會

大家庭，小社會

蜂王　雄蜂　工蜂

蟻后　雄蟻　工蟻

社會性組織不是人類的專利。在自然界中，像人類這樣羣居的社會性動物，比較有名的還有蜜蜂和螞蟻等。蜜蜂和螞蟻都是成羣地居住在一起，由蜂王（或蟻后）、雄蜂（或雄蟻）以及工蜂（或工蟻）組成「大家庭，小社會」式的社會性組織，這是由於牠們在生存鬥爭中能夠通過合作得到好處，經過長期自然選擇而出現的。牠們的社會性組織與人類社會既有很多相似的地方，也有一些明顯的不同。

各盡所能，按需分配

我們這裏以蜜蜂為例，看看蜜蜂這類的小社會是如何運作的。每個蜂巢是一個「大家庭，小社會」的獨立單元，裏面住着一隻蜂王（也稱作蜂后），負責產卵和繁殖後代，同時也是這個大家庭的家長、小社會的首領；雄蜂的主要職責是與蜂后交配，確保家族的延續；工蜂的職責是建造和擴大巢穴，採集花蜜和花粉，為大家提供食物，牠們是辛勤的勞動者。蜂后、雄蜂和工蜂都享有分配給自己的充足的食物，個個也都努力完成自己所承擔的任務和職責。在這個大家庭中，生存鬥爭是被嚴格限制的，大家齊心協力，為整個家庭作出貢獻。赫胥黎戲稱牠們實現了「各盡所能，按需分配」的共產主義理想。

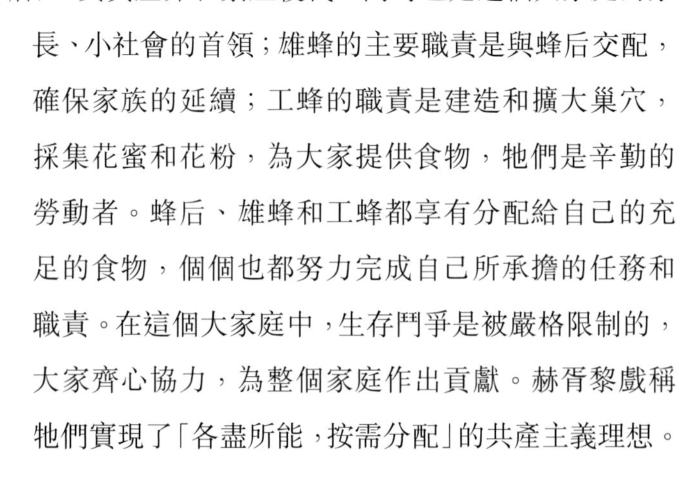

母系氏族制社會的原始共產主義

赫胥黎上面的說法，儘管有點兒開玩笑的成份在裏面，但事實上，蜂羣與蟻羣的社會形態還真算是原始共產主義形態呢，而且與人類原始社會早期的母系氏族制社會生活是很相似的。在人類的母系氏族制社會中，人們也沒有私有財產觀念，生產和生活資料也是大家所共有的；跟蜜蜂與螞蟻一樣，人們也是分工合作，共同勞動，平均分配。

「不重生男重生女」

在母系氏族制社會中，勞動分工一般說來是「男主外、女主內」，即青壯年男子外出打獵、捕魚，婦女留在住地附近採集果實、看護住所、縫衣做飯、照料老人和孩子等。由於採集果實一般比捕魚打獵的收穫穩定可靠，再加上婦女在生育上的特殊作用，使婦女在氏族中處於主導地位，而且氏族成員的世系也都是按照母系計算的。因此，這種社會形態被早期的美國人類學家摩爾根稱為母系氏族制社會。

必須指出，類似蜂羣、蟻羣這種原始共產主義形態的人類母系氏族制社會，在人類歷史上是否普遍存在過，國際考古學界對此一直表示懷疑。其實，聰明的赫胥黎也曾琢磨過這個問題。

同舟共濟為求生

前面談過，蜂羣、蟻羣以及人類母系氏族制社會的形成，是因為它們需要在嚴酷的自然環境裏求生存，不允許自己「窩裏鬥」，必須團結一致與嚴峻的自然界以及其他物種進行生存鬥爭，確保整個羣體的生存繁衍。這種需要促使它們中的每個成員都要履行自己的職責，為整體的利益齊心合力地工作，否則，大家都可能完蛋了。

蜜蜂有感情會思考嗎？

我們在《物種起源簡史》中曾經討論過，蜜蜂從蜂房中孵化出來之後，就會築巢和採蜜，這來自牠們的本能，是不需要通過學習實踐就會幹的。而且達爾文發現，這種本能是在長期的生存鬥爭中，經過嚴格的自然選擇，累積和保存了每一步進化過程中適應變化的功能，最終演化而來的。那麼，也許你們會問：蜜蜂有沒有感情？牠們究竟會不會思考呢？其實，赫胥黎也問過自己這個問題。他雖然並不知道這一問題的確切答案，但他認為：蜜蜂可能只具有一些最初級的意識（比如羣體意識）和知覺，還不大可能會有比較複雜的思想和感情。

人類感情豐富愛動腦子

對上面的問題，赫胥黎還有個有趣的設想：假如蜂羣中真的出現一隻會思考的蜜蜂的話，那牠肯定是一隻雄蜂 —— 因為蜂后和工蜂都非常忙碌，是沒有時間去思考問題的。這隻雄蜂經過思考後，一定會公正地說，工蜂畢生辛勤勞動、任勞任怨，除了出自本能之外，是無法解釋的！

人類可大不相同啦！我們知道，人有喜怒哀樂，而且有事沒事都愛思考問題，有時候還挺愛鑽牛角尖呢。比如，人類竟能搞清楚分工合作的蜜蜂是怎樣確定牠們各自的「身份」的。

蜜蜂一出生，命運定終身

蜂王在產卵那一瞬間，就決定了這顆卵未來的「身份」以及它終身的命運。如果這顆卵產在空間較大的巢房中，蜂王體內的儲精囊不會受到擠壓、也就不會釋放出精子，卵通過產卵管時便不會受精，以後就發育成為雄蜂。如果這顆卵產在空間較小的巢房中，蜂王腹部的儲精囊受到擠壓，就會釋放出精子與卵結合，形成受精卵，便發育成了工蜂。同樣是受精卵，如果它產在王台中，被富含蛋白質、維生素和生物激素的蜂王漿所滋養，就會發育成新的蜂王。

讓我們來複習一下第五至九節的要點

我前面已經説過，嚴復翻譯的《天演論》把赫胥黎原著《進化論與倫理學》的第一節分成三節，因此，我這裏所說的第五至九節是赫胥黎原著《進化論與倫理學》裏的分節，在嚴復的《天演論》裏則是第七至十一節。在第五、六兩節中，赫胥黎把新開闢的殖民地與人工園地做對比，指出它們之間的相似性。他還指出，為了把殖民地建成伊甸園，必須有一位能力超羣的行政長官，像園丁打理園地那樣來管理殖民地。在第七、八兩節中，赫胥黎指出，伊甸園內有條毒蛇——人口迅速和無限的增長。人口過剩必然引發人們對生產與生活資料的競爭，從而威脅這個安定團結的和諧社會。然而，控制人口增長卻是個不好解決的大難題。在第九節裏，赫胥黎試圖從蜂羣社會那裏去尋找啟示。

赫胥黎告訴我們

1. 不能指望單靠人類本身會有足夠的智慧來選擇最適合的生存者。

2. 不能把生物進化原理簡單地應用於人類社會。

3. 人類與蜂羣的不同在於蜂類的社會分工是與生俱來、出自本能的，而人類卻感情豐富、勤於思考。

類似蜂羣社會的井田制

在討論人類社會與蜂羣社會的相似性時，嚴復替赫胥黎補充了一個很有意思的類比：嚴復覺得蜂羣社會外表上很像古代曾實行過的井田制，兩者有着相似的管理格局。對比一下本頁兩張圖，我們可以看到：在井田裏辛勤勞作的農夫，還真有點兒像蜂巢中勞作的工蜂呢！據說，孟子所主張的井田說與分工論，也是寄託了他建立烏托邦的理想，這與孔子的「有國有家者，不患寡而患不均」(意思是：有國有家的人，不擔心分的少，而是擔心分配得不均勻) 的思想是一致的。按照赫胥黎的話說，就是要儘力消除社會內部的生存鬥爭，以便與大自然以及其他物類做鬥爭，這既是蜜蜂的合羣之道，也是我們前面談到的那位殖民地行政長官所推行的管理方式。

然而，人類畢竟與蜜蜂不同，人類社會也不可能與動物社會一樣。由於人類的自私和貪婪，因而想在人類社會中推行像蜂羣社會那樣絕對的分工和平均分配，是很難實現的。

第十節　人類社會與動物社會的區別

蜂羣與人羣的根本差別是甚麼？

前面談到蜜蜂一出生，它的身份和工種就被預先確定了。此外，在長期演化過程中，它的形體器官結構也變得只適合於完成它的工種所從事的特定工作了。每個成員都根據牠的本能盡職終身，蜂羣社會內部不會產生對抗和鬥爭。而人類社會就完全不同了，我們每個人出生的時候，沒有誰規定以後我們只能幹甚麼工作，不能說某個人只適合當官而另一個人只能做老百姓。由於人們一般都只想做自己喜歡的工作，人與人之間的競爭是不可避免的。

為甚麼父母不讓孩子輸在起跑線上？

正因為如此，我們現在常常會聽到年輕的父母們說：不能讓自己的孩子輸在起跑線上。原因很簡單，現代社會發展更快，競爭也更加激烈。科技的迅速發展，使職業的分工更細、更專門化，而不同職業之間的工作強度和報酬差別巨大。望子成龍的父母很自然地希望自己的孩子長大後，能夠得到一份相對體面、輕鬆、高收入的工作，這是人之常情，是可以理解的。然而，通常這類工作需要具有良好的教育背景，因此家長從娃娃抓起，教育孩子從小就要努力學習，以便日後能考上名牌大學及好的專業，畢業後可望找到稱心如意的工作。

成也蕭何，敗也蕭何

赫胥黎説，儘管人們在智力水平、感情強烈與感覺靈敏程度等方面各不相同，但有一個天賦的共同點，即他們都貪圖享樂，並且總是先為自己打算，後為他人着想。人類從猿類祖先那裏遺傳下來的這種「自行其是」的自私傾向，是他們在長期嚴峻的生存鬥爭中取勝的基本條件之一。但是，如果由着它在人類社會內部不受限制地自由發展的話，也就會成為破壞社會安定團結的必然因素。這真是：成也出自私心，敗也出自私心。

甚麼叫私心？

東漢時有個大官叫第五倫，是當時人們公認的廉潔奉公的好官。有人曾好奇地問他：「您究竟有沒有私心？」他笑了笑回答說：「有個朋友曾經要送我一匹好馬，我雖然沒有接受，可是後來選拔官僚時，我心裏總是想着他，儘管我並沒有推薦他。另外，我姪子生病時，我跑去看他很多次，可是回到家後，我晚上照樣能安安穩穩地睡着覺。當我自己的兒子生病時，我雖然沒去看他，可是卻整夜睡不着覺。你説我有沒有私心呢？」

由於人人都有私心，所以前面提到的母系氏族制社會的原始共產主義社會，就不可能廣泛和持久。

究竟是「人之初性本善」，還是「人之初性本惡」？

《三字經》開篇就說：「人之初，性本善。性相近，習相遠。」意思是，人在剛出生時，本性都是善良的，性情也差不多。後來每個人受到不同成長環境的影響，各自的習性自然也就會相差越來越大了。按照這種說法，人性中不善良與不美好的東西，是在後天成長過程中滋生出來的。可是，西方基督教的教義卻認為，人是有原罪的（即人性原本是兇惡的），也就是說「人之初，性本惡」。

赫胥黎和嚴復均認為，在從獸類進化到人類的漫長進程中，生存鬥爭與自然選擇一刻都沒有停止過，人類在同其他物種的生存競爭中取勝，並走到興旺發達的今天，是由於人類特別適合於自我營生，而這當然是受到自私自利的驅動。原始人從獸類祖先那裏繼承了自私、貪生以及貪得無厭、追求享樂等天賦慾望。

這個問題在科學界也是長期爭論的問題，也就是 nature（先天遺傳的天然人格）與 nurture（後天培養的人為人格）之間的爭論。總的說來，爭論的結果現在是先天遺傳論佔上風，但後天環境影響的因素也很重要。

人類有私慾，但人性有亮點

從以上討論我們可以看出：在人類起源和演化進程中，生存鬥爭和自然選擇塑造了人類天賦的求生慾望和貪圖享樂的私慾，使得他們在與自然界以及其他物種的鬥爭中獲得了成功。因此，從天然人格上來說，世界上沒有一個人真正是徹底「無私」的。但是，人類雖然起源於動物，卻又不同於其他動物物種，在過羣居生活的靈長類動物中，人類是比較成功的社會性物種。這是因為人類具有獨特的智慧和感情等人性亮點，他們為了自身的生存和福祉，很多時候需要克制和戰勝身上的原始私慾，限制和消除內部鬥爭，與社會其他成員達成合作，取得雙贏。

合羣者興，離羣者衰

前不久，哈佛大學一個研究團隊發佈了一項長達 75 年持續進行的「人生全程心理健康研究」成果。他們對很多人從青少年時期一直追蹤到老年，看甚麼東西真正能使人們保持幸福和健康。他們發現：是人與人之間的良好關係（尤其是家庭成員之間的親情）。

合羣對人們的健康和幸福非常有益，而孤獨卻十分有害。研究表明，與家庭、朋友和周圍人羣相處密切、和諧的人，比那些不大合羣的人活得更幸福，身體更健康，壽命更長。

人為人格的培育

既然限制人類社會成員之間的生存競爭，提高了整體對外競爭的效率，也提高了個人的健康水平和幸福指數，那麼自然選擇便會保存合羣的傾向。一個人要想被羣體的其他成員接納和善待，就不能過於「自行其是」，不能太自私，必須在乎羣體的福利。人類對子女的寵愛以及對兒童的泛愛，閃爍着人為人格的光輝。

「回眸時看小於菟」

人類有較長的哺乳期以及漫長的幼童保育期，大大加強了親子（父母與子女）之間的感情紐帶，因此，人類的親子互愛通常是很強烈的。魯迅先生的一首小詩就形象地反映了這種現象：「無情未必真豪傑，憐子如何不丈夫？知否興風狂嘯者，回眸時看小於菟。」

魯迅 48 歲時中年得子，對兒子非常寵愛，有人背後説閒話，他寫了這首詩作答。意思是説，無情無義不一定就是真正的英雄豪傑，疼愛兒子怎麼就不是大丈夫了呢？連那樹林中狂嘯的老虎，都知道一步三回頭地看着窩裏的虎崽兒呢。

人們通常還會把這種愛子之心延伸到對兒童的泛愛。在電影《鐵達尼號》中，我們看到在沉船之前，人們讓婦女兒童先上救生艇逃生，就體現了這種愛心。

人類是感情動物

除了對幼童的慈愛之心以外，人類還有許多其他動物所沒有的獨特情感。比如，人對身邊發生的事，不會視而不見、充耳不聞，對周圍的其他人的喜怒哀樂，也不會無動於衷。人最善於模仿，從刻畫各種物體的形態產生了繪畫，從模擬他人的儀容心態發展出戲劇，通過模仿各種聲音而產生的音樂，竟能表達人類最複雜、最隱秘、最深切的情感。

李商隱詩句中的「心有靈犀一點通」，形象地説明了人與人之間的心靈感應、情愫互通。這種思想情感接近、彼此心意相通的現象，通常還表現在人類所普遍具有的同情心上。

「聽書掉淚，為古人擔憂」

我像你們這麼大的時候，還沒有網絡，連電視機也不普遍。那時收聽收音機裏的評書節目，是我小時候的娛樂方式之一。往往聽到動情的地方，竟會感動得流淚。現在你們看電影、看電視，因為有畫面和背景音樂，這類感情或許會更加強烈。赫胥黎説，同情心使我們親切得出奇。這就是人類區別於動物的地方。

其實，比這種純粹反射的同情心（sympathy）更進一步的是，人類還常常能夠「將心比心」(empathy)。

「己所不欲，勿施於人」

我們知道這句話出自《論語》，是孔夫子教導他的學生的話，意思是說，自己不喜歡的東西，也不要強加給別人。顯然，我們要想跟周圍的人和睦相處，牢記這一點是非常重要的。在英語中，這就叫 empathy（同理心），是跟同情心（sympathy）有所區別的一個詞。

相互尊重，平等待人

人類社會不同於自然界。自然界遵循的是「大魚吃小魚」、以強凌弱的叢林法則，而在人類社會中，人們必須要自我約束，學會將心比心地換位思考。赫胥黎舉了兩個例子説明這一點。

儘管傳説中有冷靜、理智的古代賢人，他們會對輿論毫不在乎，對待敵意能泰然處之，但是，面對街頭孩子的故意藐視心裏卻一點兒也不發火的賢人，在現實生活中是很難找到的。

《聖經》中説道，當埃及的哈曼將軍進出宮門時，見到坐在王宮門口的猶太人摩的開對他非常傲慢無禮，既不給他行禮，也不站起來，心裏非常窩火，恨不得要把摩的開送到絞刑架上絞死。

這同時也暴露了人性是多麼的懦弱。

「知恥近乎勇」

赫胥黎還指出，只要觀察一下我們的周圍，便會發現所謂「人言可畏」。也就是説，人們常常不太畏懼法律的約束，卻很在乎同伴的輿論。比如，有時人們會説某人幹了見不得人的勾當，就是指某人背着人們做了些不光彩的事，因此，事實上傳統的榮譽感和羞恥心約束了一些違法或不道德的行為，這種約束力有時甚至比法令的約束力還強。

美國文化人類學學者魯思・本尼迪克特的名著《菊與刀》，曾描繪了「知恥」這一約束力在日本人身上的巨大作用，深刻地揭示了日本人的矛盾性格。正像赫胥黎所指出的那樣，人們寧可忍受肉體上的極大痛苦堅強地活着，而羞恥心卻會導致一些軟弱的人自殺。

「要留清白在人間」

同樣，明朝清官于謙曾寫過一首《石灰吟》：「千錘萬鑿出深山，烈火焚燒若等閒。粉身碎骨渾不怕，要留清白在人間。」他在詩中自比寧願像石灰石那樣被燒成石灰粉，也要立志做一個純潔清白的人。

前面提到過，人類除了具有天然人格之外，還有一種後天建立起來的人為人格。亞當・斯密將它稱作「良心」，嚴復稱它為「天良」，它是保護社會健康強健的看守人，負責約束自然人「自行其是」的私慾。

第十一節　倫理過程與自然過程的對抗

人為人格跟天然人格的抗爭

我們在前面曾講過，為了防止花園的美景被大自然的力量所破壞，園丁要不斷地跟自然界做鬥爭。同樣，我們所培養的人為人格也要經常跟我們身上充滿私慾的天然人格進行抗爭。由原始的同情心進化成有良知的人為人格的這一過程，赫胥黎稱它為倫理過程。這一倫理過程傾向於抑制人類身上的天賦「獸性」，削弱人類內部的生存鬥爭，從而增強對自然界的抗爭力。

倫理過程不能矯枉過正

赫胥黎前面曾指出，人類的天然人格使他們在同其他物種的生存競爭中取勝，但為了人類社會內部的和諧，他們必須壓抑天然人格（即自行其是）的膨脹，培養自我約束的人為人格。但是凡事都得有個「度」，如果過度抑制甚至於完全消除天然人格的話，那就是「矯枉過正」，同樣也會對社會起破壞作用。因此，倫理過程有個界點，那就是：每個人都有自己的自由，但每個人的自由不能妨害他人的自由以及整個社會的和諧。

過猶不及的「恕道」

「恕」就是饒恕，是一種寬容精神。恕道精神是儒家的傳統精神，前面談到的「己所不欲，勿施於人」便是恕道的基本精神。赫胥黎說，儘管理想社會中人與人的關係奉行「己所不欲，勿施於人」的原則，但如果做過頭了的話，也會出問題。

比如，每個罪犯的最大願望是逃脱懲罰。假如我把自己放在一個搶劫過我的人的位置上來考慮問題的話，那麼我最迫切的願望就是不被抓住、不被罰款或坐牢。假如把我放在打我一邊臉的那個人的位置上，那麼他沒有更重地打我另一邊臉，就算是對我手下留情、放我一馬了，他也許覺得我就該為此而感到慶幸了。

同樣，如果園丁老是把自己放在雜草、鳥獸以及其他入侵者的位置上來考慮問題的話，那麼園地將會變成甚麼樣子呢？

小貼士：孔子的學生子貢有一次問孔子，子張和子夏兩人之間，誰更賢明一些？孔子說，子張常常超過周禮的要求，子夏則常常達不到周禮的要求。子貢又問，子張能超過要求不是更好嗎？孔子說，超過了和達不到要求，有時候實際上的效果是一樣的。這就是「過猶不及」的典故。

嚴復按語

嚴復不同意赫胥黎所闡述的倫理過程與自然過程的對抗性。他認為赫胥黎的觀點過於狹隘，他更崇尚斯賓塞的學說，認為社會本身就是一個生物體，人類人為人格的出現，是人類適應自然界的結果，這一過程與自然過程是和諧對應的。對嚴復和斯賓塞來說，社會進化與生物進化完全是一碼事。顯然，他們的這種觀點是不能自圓其說的。如果人類社會也像動物界那樣奉行弱肉強食的叢林法則的話，哪裏還有甚麼憐憫、同情、道德、正義可言呢？又怎麼能進化出道德倫理觀念呢？

醫學成了妖術？

其實，赫胥黎在書中已經對斯賓塞的上述觀點做了辛辣的諷刺：有些人老想消除人類中的弱者、不幸者和多餘者，並用「適者生存」為這種行為辯護，聲稱這是人類社會進步的唯一途徑。按照這種邏輯，那些治療病人、護理弱者的醫務人員，豈不成了「不適於生存者」的惡意的保護人了嗎？醫學不也就成了妖術了嗎？

赫胥黎進一步諷刺這些人終生都在培育一種抑制自然感情和同情心的「高貴」技藝。人類如果沒有自然感情和同情心的話，就會

沒有良知和自我約束，剩下的只是自私自利和爾虞我詐。這樣的社會將會陷入無休止的戰爭和動亂之中，哪裏還會有甚麼人類社會進步可言呢？

20 世紀的世界歷史驗證了赫胥黎的論斷

《進化論與倫理學》發表後的 100 多年間，人類社會經歷了兩次世界大戰以及無數次區域性的戰爭和衝突。今天我們回顧一下 20 世紀的世界歷史，不得不佩服赫胥黎的先見之明。

正如赫胥黎在《進化論與倫理學》的序言最後所說的，每一個來到這個世界上的人，都需要發現一條在「自行其是」與「自我約束」之間適合自己氣質與環境條件的中庸之道。也就是說，既要努力奮鬥、積極向上，又不要做損人利己、坑害別人的事。

第十二節　社會進化與生物進化的區別

伊麗莎白一世

小貼士：都鐸王朝是 1485—1603 年間統治英國的王朝。這一王朝是以英王亨利．都鐸的名字命名的，亨利．都鐸又稱為亨利七世。都鐸王朝的第五位（也是最後一位）君主，是伊麗莎白一世。她也是位名義上的英國女王。由於她一生未婚，因此又被稱為「童貞女王」（The Virgin Queen）。

甚麼叫社會進化？

「社會進化」通常是指人類社會文明進程中的變化。赫胥黎認為，它跟自然界中物種演化的過程是完全不同的。此外，它跟人工選擇產生變種的演化過程也不一樣。在本節中，赫胥黎以英國自 15 世紀末到 19 世紀末 400 年間的社會演化進程為例，講述了英國近代史上的社會進化，闡明了這一過程與生物進化過程沒有任何相似之處。

「江山易改，本性難移」

赫胥黎首先指出，英國社會自都鐸王朝以來，已經發生了翻天覆地的變化，但是它的臣民，無論在體質上還是在精神上，並沒有發生甚麼顯著的變化。今天的英國人跟莎士比亞筆下所描寫的英國人，也沒有甚麼明顯的區別。我們從他那伊麗莎白時代的魔術鏡中，依然可以清晰地看到現今英國人的面目。

這就是說，社會進化是異常緩慢的，尤其是人為人格的教化和培育，猶如淅淅瀝瀝的春雨一般，「潤物細無聲」。

社會進化不同於生物演化

我們知道，生物演化的動力是生存鬥爭，途徑是自然選擇。然而，從伊麗莎白王朝到維多利亞王朝的 300 年間，英國除發生了一兩次短暫的內戰之外，人與人之間的生存鬥爭在大多數臣民中基本上是不存在的。此外，通過法律手段防止遺傳性犯罪傾向的擴展(即不讓罪犯留下後代的「人工選擇」方式)，也基本上起不到甚麼選擇作用。首先，因犯罪而被處死或長期坐牢的人是極少數的，況且他們在被繩之以法之前有可能已經生兒育女了。

更重要的是，在多數情況下，犯罪與遺傳關係也不大，而常常受環境的影響更大。有些先天品性的好與壞，還要看後天環境的「催化」和誘導。

第十三節　人類社會中的生存競爭

人類社會生存競爭與自然界生存鬥爭的區別

人們常用鹿和狼的賽跑，來描述自然界的生存鬥爭：狼要是追不上鹿的話，牠可能面臨飢餓甚至餓死；鹿要是跑不過狼的話，牠就會丟掉小命。但是，人類社會中的生存競爭，更多的是為了獲取享受資源（高官厚祿、榮華富貴），而不僅僅是為了取得生存資源（基本溫飽），這跟自然界的生存鬥爭有着本質上的區別。

兩頭小，中間大

按照赫胥黎的估算，在當時的英國總人口中，居於社會上層的競爭優勝者佔不到 2%，而處在社會底層的競爭失敗者也不會超出 5%。後一部分人整日在貧困線上掙扎，連溫飽都很難得到保證，根本不可能像另外 95% 的人那樣有閒心去關心選舉或參政。顯然，如果社會不能進步，不應該怪罪這部分人。

假設在 1000 隻羊中挑出最差的 50 隻，把牠們放到貧瘠的土地上，等那些最弱的餓死之後，再把倖存的羊放回到原來的羊羣中，按這個比喻，上面所講的英國人中那 5% 的失敗者，就像這些倖存的羊，其實既不是最弱者，也不是最劣者。

優勝者大多不是「最適者」

在獲取享受資源的競爭中，取得成功的特質包括充沛的活力、勤勉敬業、機智頑強、具有團隊精神等等。一般說來，在公正的社會競爭機制下，具有上述特質的人們便能夠脱穎而出，成為競爭中的勝利者。他們也是組成當時英國社會的大部分人（總人口的95%）。這些人中的大部分並非爬到了最上層的那2%的「最適者」，而是中不溜的「適者」大眾。他們的百分比應該是95%減去2%，相當於總人口的93%。顯然，他們在數量上已大大超過了那些「最適者」。

與斯賓塞的觀點針鋒相對，赫胥黎在本節中，用生動的比喻，反駁了斯賓塞的「最適者生存」的社會達爾文主義觀點。他令人信服地闡明：1. 佔英國總人口5%的社會底層的競爭失敗者，並不全是最弱者和最劣者；2. 佔英國總人口93%的競爭勝利者，大部分也不是「最適者」。

因此，人類社會中的生存競爭與自然界的生存鬥爭，不僅性質不同、途徑不同，過程也不同，絕不能把生物演化規律生搬硬套地運用到社會學領域中去。接下來，我們看看擺在我們人類面前的使命是甚麼。

第十四節　人類所面臨的挑戰

與園藝過程再做一對比

我們在前面曾討論過，園丁照料花園主要有兩個任務：一是阻止外部自然力的破壞，為園中植物創造一個人為的、適宜的生長環境；二是剔除不好的品種，選育良種繁衍。在人類社會中，像園藝選種那樣的人工選擇，在實際上和倫理上都很難行得通。因此，社會進化主要靠發揮園丁在園藝中的前一種功能，即構建一個公平、正義、和諧的社會，使公民的天賦能力在與公共利益一致的前提下，能夠得到充分的發揮與自由的發展，從而使整個社會走向繁榮和進步。

與天鬥、與地鬥、與人鬥

人類與社會外部的自然狀態的生存鬥爭會一直持續下去，因此與天鬥、與地鬥是毫無疑問的。除非整個人類都生活在一個完全公正的大同世界之中，國與國之間的爭端有時是難以避免的，也自然會引起兩國人民之間的爭鬥。人口過度增長，依然會引起人羣內部的生存競爭。與人鬥的可能性，也依然存在。但是，我們的目標是要把與人鬥降低到最低限度。

與己鬥

人類的祖先在自然界的生存鬥爭中曾經打過很多漂亮仗，用很不仁慈的手段擊敗了許多競爭對手。雖然經過長期的演化，但是我們祖先身上的原罪（即惡的本性），在我們身上並沒有消失。因此，我們必須時時與自己身上的「獸性」鬥爭。

我們知道，當嬰兒呱呱落地之時，就已繼承了這些私心和私慾。你看很小的孩子對他喜歡的東西（比如糖果或玩具），就有很強烈的佔有慾。孔融讓梨的故事，就是教育孩子從小就要培養分享和謙讓的優良品德，是反對我們有貪婪的本性的。

我們也知道，進行「自我約束」和斷絕私慾，並不是一件很幸福的事。比如，讓你把你的玩具給別的孩子玩、把你的糖果或餅乾分給其他孩子，你心裏肯定不樂意。但我們同時必須明白這個道理：當你長大之後，你不可能總是一個人獨處，你必須要跟周圍的人打交道，如何能抑制住自己的私慾，是能與人和睦相處的關鍵，從一定程度上也決定了你將來在事業上的成功或失敗。

真善美使人幸福

説到底，一個太自私的人，是不會感到幸福的。只有追求真善美的人，才能獲得內心的安寧與歡愉。大家都向這一方向努力的話，人類社會才能走向日益美好的境界。

讓我們來複習一下第十至十四節的要點

剝洋蔥式的論證

在這五節中，赫胥黎像剝洋蔥一樣，層層遞進地闡明了人類社會與動物社會的差異、人為人格與天然人格的區別、社會進化與生物進化的不同、人類生存競爭與生物生存鬥爭的差別，認為不能把生物演化的規律生搬硬套地運用到社會學領域中去，令人信服地批評了斯賓塞的社會達爾文主義觀點。他還論證了倫理過程與自然過程的對抗，闡述了人類社會的生存競爭以及擺在人類面前的任務。

赫胥黎強調

●在人類起源和演化進程中，生存鬥爭和自然選擇塑造了人類天賦的求生慾望和貪圖享樂的私慾（即天然人格），使得他們在與自然界以及其他物種的鬥爭中獲得了成功。

●人類雖然起源於動物，卻又不同於其他動物物種。人類具有獨特的智慧和感情等人性亮點，他們為了自身的生存和福祉，必須壓抑天然人格（即自行其是）的膨脹、培養自我約束的人為人格。

●每個人都需要找到一條在「自行其是」與「自我約束」之間，適合自己氣質與環境條件的中庸之道。也就是說，既要努力奮鬥、積極向上，又不要做損人利己的事。

為甚麼要做一個善良的人？

赫胥黎着重指出，人類社會中的生存競爭與自然界的生存鬥爭，不僅性質不同、途徑不同，過程也不同，絕不能把生物演化規律生搬硬套地運用到社會學領域中去。在人類社會中，我們必須培養追求真善美的「人為人格」。當然，這並不是一件很容易的事。

在本書的後半部分，讓我們跟着赫胥黎去了解自古希臘以來，東、西方文明中倫理學的起源和發展吧。

第十五節　進化論與倫理學的矛盾

《傑克與豆稈》的啟示

在本書的前半部分中，赫胥黎明確地指出了生物演化與人類社會進化的不同；在本書的後半部分，從本節起，他引領我們追溯東西方不同社會中道德倫理觀念起源和演化的歷史，進一步說明生物演化論與人類社會倫理學是「兩股道上跑的車」，兩者之間根本沒有甚麼關聯。首先，他用《傑克與豆稈》的童話故事做比喻，說明從探討進化論到談論倫理學，就像傑克順着那顆魔豆的豆稈爬到了另一個神奇的世界和奇妙的境地。

種豆得豆的感悟

前面我曾談到過赫胥黎老爺爺特愛奇思怪想，可不是嗎？他在提到《傑克與豆稈》的故事時，又突然聯想到：哪怕是種一顆普通的豆子（不是童話故事中的那顆魔豆），也是一種多麼奇妙的體驗啊！事實上，我們日常見到的許多東西，如果不仔細觀察的話，就不會感到新奇和驚異。可是，像牛頓、愛因斯坦、達爾文、赫胥黎這樣的大科學家就不一樣，他們對世間的一切都充滿了好奇心，他們會認真地去觀察外表上看似很平常的現象，然後從中找出事物內在的規律。

試着種顆豆子吧

請你爸爸或媽媽幫忙，找出一顆豆子，種在地裏或花盆裏。只要土中有一定的水分和肥料、溫度也適當，它就會顯露出驚人的活力。不久，就會有一棵小青苗破土而出，它的根鬚埋在土裏，青苗慢慢地變成枝幹（即豆稈）和花葉，經過一系列的變化，就會結出豆莢。這些變化是緩慢、不起眼的，不像童話故事裏那樣神奇，它不會一個勁兒地往上瘋長，不會直達雲霄。它的葉子也不會伸展成巨大的華蓋，你也不能站到葉子上或順着豆稈爬上天。

儘管如此，如果你每天仔細觀察它的話，也會覺得非常有意思。這棵小豆苗以你察覺不到的步驟，按部就班地慢慢長大，成了由根、莖、葉、花和果實（豆莢）組成的植物。這些器官配備完整、分工不同：根莖用來吸收土壤中的養料；葉子內的葉綠素用來吸收陽光，幫助把空氣中的二氧化碳成為養分。而且每一器官從裏到外都由複雜精緻的結構組成，不停地工作，執行生物體的各項功能。

更為神奇的是，你會發現：在你栽種的這顆豆子茁壯成長、開花結果之後，卻迅速地走下坡路。除了你收穫的果實（即新豆子）之外，葉子很快就枯黃、凋落了，枝幹也枯萎了。這活像是剛剛蓋起來的高樓大廈卻轟然倒塌了。這是怎麼回事呢？

甚麼叫「宇宙過程」？

我們知道，新收穫的豆子，就像你最初種下的那顆豆子一樣，既是果實也是種子，它的內部儲藏着養料與能量。赫胥黎將種子胚芽擴展為成長的植物的過程，比喻為打開一把摺扇或是一條奔騰擴展的河流，它是個發展與進化的過程。而豆子植株在結果之後的凋殘，就像打開的摺扇又合起來，或是像河流流入大海而「消失」一樣，是一個循環進化的過程。

換句話說，種豆子的過程是從豆種這一比較簡單和能量潛伏的狀態，過渡到植株那樣呈現出根莖枝葉高度分化的類型，然後又回到收穫的果實（即豆子）這一比較簡單和能量潛伏的狀態。生命過程表現出的這種循環進化，跟「月有陰晴圓缺」一樣，被赫胥黎稱作「宇宙過程」。

宇宙是不斷變化的

我們在第一節「大自然的演變與生物演化的原理」中，已經討論過宇宙是不斷變化的，「人不能兩次踏入同一條河流」。我們通過上面「種豆得豆」的經驗，進一步認識到宇宙過程表現出的循環進化。由此看來，宇宙最明顯的屬性就是它的不穩定性——一切都在變化之中。

走進一個神奇的世界

從某種意義上説，現在我們也已經順着你種的那顆豆子的豆稈，攀登到了一個神奇的世界——在這裏，原來普通而常見的「種豆得豆」的現象，變得十分新奇。

赫胥黎的這番奇思怪想，引導我們去探索「宇宙過程」，這是人類最高智慧的表現。就像傑克用智慧戰勝了追趕他的巨人一樣，人類因為有思想、有智慧，因此在演化過程中戰勝了那些沒有思想的所有生物物種，而成為它們的主宰。在人類沒有開化的時候，人靠着與猿猴和虎狼所共有的那些特性，加上自己所特有的思想和智慧以及特殊的體質結構，靠着人的靈巧、好奇心和模仿力，靠着他們成羣結伙的社會性，簡直是無往而不勝。

人類成了自己成功的犧牲品

人類從無政府狀態進入有組織社會之後，文明程度大大提高了，上面所説的那些在自然界生存鬥爭中曾經有用的人類特質，在社會人羣內部反而變成了缺陷。你會喜歡那些有虎狼性格、兇殘狡猾的人生活在你周圍嗎？事實上，文明社會把這類人看作壞人甚至罪犯，並制定各種刑律來制裁和懲罰他們。這就是人類社會中生存鬥爭與倫理觀念之間的衝突。

第十六節　生存鬥爭與倫理觀念的衝突

倫理觀念的形成

在本節中，我們要討論人類「憂患」的產生過程以及倫理觀念的形成。俗話說，「衣食足，知榮辱」，我們前面談過人類的生存競爭主要表現在佔有享受資源（高官厚祿、榮華富貴）上，而不是像自然界生存鬥爭那樣，是為了爭奪生存資源。此外，人是有同情心和羞恥感的。人的同情心和羞恥感是倫理觀念形成的基礎，也是來源於人類的思想情感。

人有思想憂患始

蘇東坡的詩句「人生識字憂患始」，是指人生的憂愁苦難是從讀書識字開始的。因為一個人識字以後，從書中增長了見識，對周圍事物就不再會無動於衷了。其實，人生的憂愁苦難是在人有了思想、脫離了動物界之後就開始的。因為人類具有思想情感，便產生了同情心和羞恥感；有了同情心，就不會對別人的苦難無動於衷；有了羞恥感，就不會對自己傷害別人的行為心安理得。事實上，這跟一個人識了多少字、讀了多少書，並沒有必然的聯繫。斗大的字識不了一籮筐的文盲們，同樣會有強烈的憂患意識和榮辱觀念；而文化人中，也有一些無恥的小人。

甚麼是倫理觀念？

倫理觀念為我們提供理性的生活準則，告訴我們甚麼是正確的行為以及為甚麼它是正確的行為。比如，在幼兒園裏，老師就教育我們要與周圍的小朋友們分享玩具，不要自己一個人獨霸着，不讓別人碰。在家裏，爸爸媽媽也經常告訴我們到了外面甚麼該做，甚麼不該做。總之，要養成有禮貌、和善謙讓的習慣，跟周圍的人能和睦相處，不要做損人利己的事，變成大家都不喜歡的「孤家寡人」。

「助人為樂」與「害人如害己」

「助人為樂」，通常是指以幫助他人為快樂。其實，幫助他人本身就是件快樂的事。

相反，「害人如害己」。有個寓言故事說：一隻青蛙十分不喜歡自己的鄰居老鼠，總想找機會教訓牠一頓。有一天，青蛙找老鼠去游泳。老鼠怕水，青蛙說：「別怕，我用繩子跟你拴在一塊兒，不會淹着你的。」老鼠同意試試看。誰知下水以後，青蛙時而浮游，時而潛泳，害得老鼠灌了一肚子水，被淹死了，漂在水面上。恰巧空中飛過一隻老鷹，肚子正餓得慌，就抓起了老鼠，同時把繩子另一頭的青蛙也帶了出來。結果，牠們統統被吃掉了。

顯然，生物界的生存鬥爭與人類的倫理原則是格格不入的。

第十七節　古代的倫理思想與宗教的起源

古代倫理思想的萌芽

傑克又從豆稈上爬了下來，回到了人間的普通世界裏，他發現：這裏不同於天堂上的仙境，醜惡的人比美麗的公主更為常見。在這裏，工作與生活都很艱苦，而且與自身私慾的搏鬥，比跟巨人的鬥爭更艱巨、更持久。千百年來，古人早在我們之前，也曾面臨過類似的難題。古代的賢人和先哲們，也懂得宇宙過程就是進化，並知道這一過程中充滿了神奇，也伴隨着痛苦。他們也曾試圖用道德倫理來教化民眾，以求解脫人們的痛苦和煩惱。其實，這就是人類告別動物界的過程，也是人類文明的進程。

甚麼是「文明」？

我們常說要講文明、講禮貌，你們有沒有問過這樣一個問題：到底甚麼是文明呀？

文明的定義表面上看起來很複雜，而且不同的學科（比如歷史學、社會學、考古學等）對文明的定義也不完全相同，但最重要的一點是共同的：文明與野蠻是對立的。

人類從最初的野蠻狀態達到現在的文明狀態，中間經歷了好幾百萬年漫長的時間。而這期間的大部分時間裏，人類仍處在野蠻或半開化的狀態中，直到文字出現，才進入了文明時代。

文明的代價

世上沒有免費的午餐，人類進入文明時代，在享受社會文明成果的同時，也付出了很高的代價。

人類處於遊獵階段時，晚飯吃甚麼取決於當天能否捕獲到獵物，那時的人們飢一頓、飽一頓，為填飽肚子而整日奔波。進入農耕社會之後，食物開始有了穩定的來源；到了生活富裕的今天，太多的快餐店、過剩的營養，給人類帶來了許多「富貴病」，比如肥胖症及心血管疾病等。同時，由於文明進步、生物科學與醫學的進展，人類壽命大大延長了，因而人生的老年階段也隨之延長，老年疾病折磨着許多老人，並且連帶着拖累很多家庭。此外，人類對物質文明的不懈追求，污染、破壞了自然環境，比如由此引起的沙塵暴和霧霾，也給人們帶來極大的困擾。

從精神方面來說，社會文明程度越高，人們受教育程度也越高，文化也就越高。像前面提到過的「人生識字憂患始」，這樣一來，人們所體驗與思考的東西也越來越多。這種感覺的磨煉與感情的豐富，既給人們帶來了許多快樂，也帶來了不少憂慮、痛苦甚至恐懼。那麼，人們怎樣試圖去緩解和排除這些痛苦呢？

古典哲學與宗教的興起

古希臘有位著名的哲學家叫蘇格拉底，傳說他有位兇悍的老婆，常常跟他過不去，還會無理謾罵他，甚至有一次在大罵他之後，還往他頭上潑了一盆水。據說，鄰居都看不下去了，問蘇格拉底為甚麼聽憑老婆這樣無禮卻不發火，他自我解嘲地說：「一陣雷電之後就會有一場傾盆大雨，這是符合自然規律的。」

蘇格拉底還有一句勸男人成家的名言：還是結婚吧。如果你找到個賢惠的妻子，你會很幸福；若是找的老婆是悍婦的話，你會成為一個偉大的哲學家。

蘇格拉底的這番話，真可以說是夫子自道。同時，也從一個方面說明，痛苦與憂患有時確實能促進人們的哲學思辨和宗教想像力。

亂世興學

大約 2500 年前，是中國的春秋戰國時期，也是產生中國諸子百家的時代，湧現了我們耳熟能詳的孔子、孟子、老子、莊子、墨子、荀子等。差不多同時，印度有釋迦牟尼，在西方則有古希臘的很多著名的哲學家。東西方古代的倫理體系就是在這個時期形成的。在《天演論》餘下的章節裏，赫胥黎主要介紹了古印度與古希臘的宗教和倫理體系。

甚麼是「正義」？

這一倫理體系中最古老的核心成份之一，恐怕要算正義的概念了。

原始人類在狩獵活動中，為了捕獲較大的獵物或猛獸，靠一個人的力量往往是不夠的，常常需要跟其他人一起合作才行，因此，這就形成了最初的社會（即羣體組織形式）。經過相互配合、共同努力而捕獲了獵物之後，大家在一起公平分配：貢獻大的可以多分到一些肉。如果分配是公平的，就算公道，也就是正義的；否則就是不公道或非正義的。

其實，不僅是人類，狼也是成羣獵食的。雖然狼生性兇殘，但牠們在逐獵時，絕不會自相殘殺，這是牠們在生存鬥爭中長期領悟出來的相互諒解，是為了共同的利益所達成的默契。缺乏這一點，牠們是無法在一起獵食的。

不公道就會惹麻煩

人類組成了社會，人與人之間交往和相處，要遵守一定的行為準則，否則社會就不會安寧。

比如，幼兒園一個班裏有 20 個小朋友，老師在教室後排的一張桌子上的盒子裏放了 20 顆朱古力糖，讓每個人分別到後面拿一顆糖。如果每個人都按照老師的要求，只拿一顆糖的話，剛好班上每個同學都能拿到一顆糖。假設其中有一個貪吃的小朋友偷偷地拿了兩顆糖，那麼當最後一個小朋友去時，就會發現盒子裏的糖已經被拿光了。這下子該怎麼辦？

獎賞和懲罰是維護正義的手段

那個多拿了一顆糖的小朋友，沒有遵守規則，不僅對沒有拿到糖的那個小朋友不公道，而且可能引發小朋友中的相互猜疑：究竟是誰多拿了一顆糖呢？這樣一來，就會使一些並沒有多拿那顆糖的小朋友受到無端的懷疑，並因此可能引起小朋友間的糾紛。所以，這種行為是不道德、非正義的。

由於老師只有 20 顆糖，而沒有拿到糖的最後一個小朋友恰恰是班上最靦腆的小女孩。於是，就有小朋友主動要把自己的那顆糖讓給這個小女孩。

在這種情況下，老師大概會做兩件事。首先，老師會公開表揚讓糖的小朋友。其次，私底下找出那個多拿了一顆糖的小朋友，然後耐心但嚴肅地指出其錯誤的危害性並給予適當的懲罰。考慮到這個孩子是未成年人，而且可能也是初犯，老師應該替這個孩子保密。

總之，表揚和獎勵謙讓的美德，批評和懲罰不公道、非正義的行為，不僅是維護正義的手段，而且能確保大家遵守共同的行為準則或約定。否則，人心就會變壞，社會就會渙散。下面讓我們再來看一個稍微不同的例子。

老人摔倒在地上，你該不該去扶？

這個問題原本是很容易回答的：當然應該去扶啦！

然而，事情遠遠沒有表面上看起來那麼簡單。近些年來，很多地方都出了這種事：老人摔倒在地，有的過路人出於好心，把老人扶起來或送往醫院，結果反被老人或老人的家屬敲詐，說是被該人撞倒的，並索賠醫療費及損失費。個別案件甚至被法院判定老人勝訴。這類案件引起了社會各界的極大關注。

按照赫胥黎依據動機的觀點，這類案件似乎就比較容易解決。因為從動機上來說，過路人沒有把老人撞倒在地的動機和理由。如果他是無意中把老人撞倒的話，他把老人扶起來並送往醫院，說明他是對自己行為負責的好人，否則早就逃之夭夭了。如果沒有確鑿證據說明老人是被此人撞倒的，必須判定此人是做好事的好心人。

老人摔倒有一種情況是心腦血管疾病突發所致，這時候如果缺乏急救常識，貿然去扶的話，可能會好心辦壞事 —— 加重病情。即便如此，也必須參考動機來進行賞罰。從善良的動機出發做出的事，即便沒有收到良好的效果，也應該予以一定程度的肯定。只有這樣，才能伸張正義、弘揚良好的社會風氣。

老虎吃人算不算犯罪？

扶起摔倒在地的老人，通常稱為「善舉」；用通俗的話來說，就是「好人好事」。按照前面提到的赫胥黎的動機論，凡是從正確的動機出發所產生的行為，就叫作正直的或正義的。也正是從這方面着眼，古代的賢人（不論是中國的還是印度的，或希臘的）才得出了「善」以及「公正」等概念。

然而，這是人類倫理法則的概念。在人類之外的生物界裏，不論生命是快樂還是痛苦，都沒有善和惡的概念。比如，武松在景陽岡上打死的那隻老虎，曾吃過很多人，但是，對於老虎來說，這是牠生存鬥爭的需要，不吃人就會捱餓、痛苦；如果牠有人類的善惡觀念的話，可能就會餓死。老虎吃了人，肚子飽了，會很快樂，絕不會感到內疚。因此，老虎是不可能承受功和罪的。

可是，人類就不一樣啦。各個國家、各個時代的有識之士都承認：如果不對破壞倫理法則的人給予懲罰的話，邪惡就會抬頭，正直善良的人就會遭殃。不過，在某些特殊情況下，道德倫理的公平正義與否，並非黑白分明，也不是用上面提到的赫胥黎的動機論就一下子能判定的。

西方古典悲劇的永恆主題

在古希臘悲劇中，上述一類倫理困境以及它所反映的難以捉摸的非正義性，似乎是共同的主題。在《俄狄浦斯王》劇中，俄狄浦斯是位心地純潔的王子，也是破除了人面獸身的怪物斯芬克斯所設謎語的義士。由於命運的安排，他自小被父親拋棄，因此不認識自己的父親，長大後在不知情的情況下，誤殺了自己的父親並娶了自己的母親為妻。他所犯下的亂倫大罪，受到天譴，他刺瞎了自己的雙眼、急速毀滅。

同樣，在莎士比亞的經典悲劇《哈姆雷特》中，也有類似的倫理困境。

哈姆雷特的宿命

哈姆雷特是丹麥王子，原本是個完美的理想主義者。可他後來竟發現叔父篡奪了他父親的王位並娶了他的母親為妻。為了替父報仇，他殺死了叔父並且羞辱了亂倫的母親。最後，他卻為了正義而被奸人所害。

上面提到的這兩個悲劇，既反映了古代的命運觀，即命運是不可抗拒、無法改變的，也是不分善惡的，同時也反映了人們腦子中的一種信念，即冥冥之中似乎有一尊「神」或「上帝」高高在上，主宰着人們的命運並且掌控着懲惡揚善的大權。

在這個問題上，不管是東西方，不管是希臘人、猶太人還是印度人、中國人，似乎都有比較一致的看法。雖然自然界崇尚「物競天擇」，對倫理道德漠不關心，但是，人類社會卻有個倫理裁判庭，立功受獎與犯罪被懲罰，是社會公正的保障，也是各種宗教興起的原因。

赫胥黎跳雞蛋舞

赫胥黎的《進化論與倫理學》，原本是應牛津大學邀請進行的「羅馬尼斯演講」的講稿。

按照羅馬尼斯基金會的規定，赫胥黎這一演講，應避免涉及宗教或政治上的問題。但討論倫理學而不涉及宗教，是不可能的，因此，赫胥黎說他得避重就輕。因此，他避開可能有爭議的西方教派，改談佛教的倫理思想。

第十八節　佛教的倫理思想

《西遊記》中唐僧帶領孫悟空、豬八戒和沙和尚，一路歷盡劫難去西天取經。西天到底在哪裏？他們奉命去取的是甚麼經呢？西天就是古印度，包括現在的印度與尼泊爾；他們去取的是佛經（即佛教經典）。佛教是當今世界三大宗教之一，信徒總數僅次於基督教與伊斯蘭教。佛教由釋迦牟尼創立，約公元前 6 世紀，在印度恆河流域首先傳開來。

唐僧去西天取的是甚麼經？

善與惡的因果報應

與基督教只有一個上帝、伊斯蘭教只有一個真主不同，佛教承認有許多神靈及眾多主宰。

佛教的輪迴、因果學說認為，世間一切（包括善與惡）都有因果關係。如果世間充滿了痛苦與憂患的話，那麼它們像雨水一樣普降人間，好人、壞人都躲不過。這是因為它們像雨一樣，是自然因果鏈條上的一些環節。這個鏈條把一個人生命的過去、現在與未來都相互銜接在一起。這樣的因果關係不能以該人眼前的遭遇來計算，而是以他的一生甚至「前生來世」一起清算。這也就是通常所說的：善有善報，惡有惡報，不是不報，時候未到。

小貼士：羯磨是梵文 karma 的音譯，是佛學中的一個名詞。它的意思是指：人的今生乃是前世的思想言行累積起來的結果，而人的今生中的這些東西又會決定他的來生如何。這就是佛教中所謂的「因果報應」或「輪迴」。

流動性的對賬

在佛教看來，每個人都要對自己的行為負責。行善是積德，是功；作惡是缺德，是過。人生的善與惡、功與過的計算，像是流動性的對賬，如果用正數代表善（功），用負數代表惡（過），那麼，它們相加的代數和，就代表了盤點一個人人生的對賬或清算。

古印度哲學中的進化論元素

佛教深深地植根於古印度哲學思想的土壤中。

古印度哲學中有着豐富的進化論元素。古印度哲學家們注意到了下述事實：每個人身上都具有父母乃至爺爺奶奶的明顯標記。這不僅表現在長相這類的生理特徵上，而且表現在行為舉止的「氣質」上。這些特徵和氣質常常可以追溯到一系列直系祖先乃至旁系親屬身上。

行為氣質是一個人道德和理智上的要素，與生理特徵一樣，它實實在在地從一個肉體遺傳到另一個肉體，從一代人身上輪迴到下一代人身上。古印度哲學家們稱此為「羯磨」。

「羯磨」與拉馬克理論

如果你還記得「長頸鹿的脖子為甚麼這麼長」的話，你大概會想起來法國博物學家拉馬克的「獲得性遺傳」的理論。拉馬克認為，長頸鹿的脖子，是通過一點一點、一代一代拉長了的。

請比較一下，看一看拉馬克的「獲得性遺傳」跟佛教中的「羯磨」是不是有點兒類似。

正是這種羯磨，從一生傳到另一生，被輪迴的鏈條緊緊地聯結在一起。此外，人生的羯磨不僅由於血統的不同結合而有所改變（這與生物遺傳相似），而且也由於一個人本身的行為變化而發生變化。

修行的重要性

如同生物演化要受到環境的深刻影響一樣，佛教認為，一個人的氣質變化，取決於一個人的修行如何。

甚麼是修行呢？從字面上講，就是修正錯誤的言行，或叫改邪歸正。在佛教中，修行是一個漫長的過程，一個人通過時時刻刻察覺和修正自己錯誤的思想情感、舉止言行，最終達到一種理想的境界。按照佛學觀念，整個人生其實就是一場修行，完美的人生便是所謂的「修成正果」。

甚麼才叫「修成正果」？

古印度哲學思想假定：在精神與物質各種變化萬端的表象之下，存在着一個永恆的「實體」。宇宙的實體叫「婆羅門」，個人的實體叫「阿德門」。阿德門與婆羅門的分離，只是表面現象，它是形成各種人生幻想的思想情感、慾望、快樂與痛苦的條條框框所造成的。無知的人被慾望的名韁利鎖捆綁着、被苦難的鞭子抽打着，因而他們的阿德門被永遠地囚禁在各種慾望的幻想之中，其痛苦終生難以解脫。

有了覺悟、用修行來消除慾念的人認識到，那麼根除慾念才是擺脫厄運的唯一途徑。那就是退出生存鬥爭、不再做進化過程的工具。這樣的話，羯磨通過修行而改變，輪迴終止，個人才能徹底解脫痛苦與煩惱，結果，阿德門與婆羅門融為一體。

總之，人的一生歷經磨難，如果能做到富貴不能淫，貧賤不能移，威武不能屈，也算是修成正果了。

然而，佛學認為，生命之夢的圓滿結局是「涅槃」，這也是佛教最高深的佛理。那麼，究竟甚麼是「涅槃」呢？

甚麼是「涅槃」？

記得我第一次碰到「涅槃」這個詞，是初中時讀郭沫若先生的詩歌《鳳凰涅槃》。那時候根本就搞不懂這個詞的意思，只好去請教語文老師，得到的回答大意是：涅槃是佛教用語，它的原意是火的熄滅或風的吹散狀態，在佛語中引申為寂滅、安樂、無為、解脫、圓寂等意思，是指佛教徒修煉到了功德圓滿的境界。

老師還解釋說：《鳳凰涅槃》是郭沫若借用鳳凰「集香木自焚」（即點燃採集的香木燒死自己），然後從死灰中重生的傳說，來表現舊中國將會像鳳凰那樣在革命的烈火中滅亡，並且重生一個美好的新中國。說實話，當時只覺得郭沫若的詩充滿激情，而對涅槃的意思，仍然似懂非懂。

那麼，「涅槃」究竟是甚麼？對此，學者間至今還有爭論。按照佛教的說法，前世與今生、今生與來生之間的關係，就像一盞燈的火焰點着了另一盞燈的火焰。任何種類的存在物，都是暫時的，終究會消解。進入涅槃狀態的賢者（高僧），既沒有任何慾望和雜念，又沒有任何作為和形相，這種「清靜無為」的境界就是涅槃，它是佛學的頂點。

「本來無一物，何處惹塵埃」？

關於「清靜無為」，佛學中有這樣一個故事：佛徒問一位高僧如何消除慾望，高僧答道，慾望就像身上發癢，消除慾望就像撓癢，你撓一下，或許會感覺稍好一點，只要一不撓，馬上又要癢。假如你壓根兒就斷絕慾望的話，那麼根本就不會癢，自然也就不需要去撓了。

這就是佛教教義繞人之處，也是它的高明之處。正如六祖惠能大師所說：「菩提本無樹，明鏡亦非台，本來無一物，何處惹塵埃。」它的意思是說，「菩提」在佛學中指「覺」或「道」，是指對佛教教義的理解，原本就沒有甚麼樹；「明鏡」則是指心如明淨之鏡，因此也不是甚麼放置實物明鏡的台子；因此，本來就甚麼都沒有，哪裏還會染上甚麼塵埃呢？

嚴復的按語

在介紹佛教的這部分內容裏，嚴復除了在譯文的正文中摻入了自己的理解（因而遠遠不是忠實的翻譯），還在文後加了很長的按語。他認為「涅槃」最淺顯的含義是：世上萬物的表相，都是暫時融合而成，最終都會消亡。即使是人身所佔有的，也無非是把自己的想像和喜好聚集一身。因此，在這虛幻的世界中，一旦徹底拋棄了貪慾，所有的痛苦和煩惱也都會隨之而消失。

讓我們來複習一下第十五至十八節的要點

赫胥黎聰明地避開爭議性課題

在這四節中，赫胥黎從探討生物進化論轉向討論倫理學，他用《傑克與豆稈》的童話故事做比喻，帶着我們像傑克那樣，順着魔豆的豆稈爬到了另一個完全不同的世界和十分奇妙的境地——古代倫理思想的產生以及宗教的起源。由於受到羅馬尼斯基金會規定的約束，赫胥黎避開了基督教的倫理思想的討論，着重介紹了佛教的倫理思想。

赫胥黎強調

●在倫理學範疇內，人類在演化過程中曾經展現的那些成功的特質，反倒變成了缺陷。因此，生存鬥爭與倫理原則之間就產生了衝突。一方面，如果沒有從我們動物祖先那裏遺傳下來的天性（包括損人利己的天性），我們不可能在生存鬥爭中取得勝利。另一方面，在高度組織化和社會化的人類社會中，如果這種天性過多，社會的動盪和鬥爭會愈演愈烈，這種社會必然會從內部毀滅。

●人類自有了思想情感，便有了喜怒哀樂，並產生了同情心與羞恥感。此外，人類在集體狩獵活動中所達成的諒解與默契，建立了某些相互之間共同遵守的行為準則。這些東西集中到一起，形成了最初的正義概念以及倫理體系。

●佛教教義主張仁慈及與世無爭，並通過博愛、謙恭、以德報怨以及戒除邪念來達到涅槃的境界。

佛教流行的原因

赫胥黎認為，正是由於上述這些倫理品質，佛教獲得了驚人的成功。此外，佛教不相信甚麼救世主，因而既不信上帝也不信真主，甚至也不相信人有靈魂。因此，佛教認為祈禱沒用、祭祀沒用，只能靠自身的修行。佛教還認為，信仰永生不滅是錯誤的，而奢望永生不滅則是罪孽。加之，佛教也比較寬容。

另外，有關佛的傳說以及流傳的民間故事，毫無疑問對佛教的流行也起了一定的作用。比如，釋迦牟尼有關對一切眾生要仁愛和慈悲的教誨，實際上在信徒中掃除了社會、政治和種族上的種種不平等。《西遊記》中唐僧的形象，也是慈眉善目、舉止文雅。

一般人或許認為，佛教是一種消極、悲哀或憂鬱的信仰，事實上，涅槃的前景令虔誠的佛教徒充滿了歡樂和希望。

值得強調的是，赫胥黎用很大篇幅介紹佛教並不是無的放矢；恰恰相反，他藉此說明與世無爭的佛教教義與生存鬥爭的衝突，佛教的倫理原則與生存鬥爭的自然法則是背道而馳的。在下一節中，他通過介紹古希臘哲學中的倫理思想，進一步闡明生存鬥爭與倫理原則的矛盾。

第十九節　古希臘哲學中的倫理思想

「言必稱希臘」

赫拉克利特

現在讓我們把目光從古印度轉向古希臘，來觀察一下西方哲學的興起與發展。古希臘是西方哲學思想的發源地，早在兩千多年前就湧現了蘇格拉底、柏拉圖、亞里士多德、德謨克利特等著名的哲學家，真可謂羣星燦爛。有趣的是，這不僅跟中國諸子百家的產生很相像，而且在時代上也很相近。古希臘哲學家們在學術研究中所彰顯的理性精神、宗教情懷與人文關懷，深刻地影響了西方文明的進程。因此，「言必稱希臘」是指對古希臘乃至西方先進文化的推崇。古希臘哲學家中的領軍人物則是赫拉克利特。

晦澀的哲學家

赫拉克利特跟老子是同時代的人，是古希臘樸素唯物主義哲學家。他認為，萬物都處在不斷變化之中，本書開頭曾提到過他的最著名的論斷：「人不能兩次踏入同一條河流。」因此，赫拉克利特又被蘇格拉底稱為「流動者」。赫拉克利特還是進化論的始祖，他認為萬物都處在「過去」與「將來」之間，相信世界上有「普遍的理性（或法則）」指導大自然中的一切事物，事物的運動變化有着自己的規律。

由於赫拉克利特學説體系博大、思想深邃，加上他的著作富含隱喻，晦澀難懂，人們稱他為「晦澀的哲學家」。

「辯證法的奠基人」

赫拉克利特還提出，宇宙間充滿了對立和矛盾，他用弓弦與琴弦兩種力相反相成、奏出美妙的樂聲為例，指出對立面的相互轉換。他還指出，事物的運動變化是事物本身存在的矛盾對立所引起的，對立面的鬥爭是萬物之父，也是萬物之王。因此，他被列寧稱作「辯證法的奠基人」。

赫拉克利特的對立理論還指出，世間的事物都是相對的，不知道非正義的人們就不知道正義，不能理解惡也就不可能理解善。他強調正義和善是與幸福和快樂相連的，幸福並不只是感官的享樂，因為人不是豬和牛，不能僅滿足於吃飽草料以及在污泥中取樂。幸福也不是佔有財富和權力，而是獲得智慧、求得真理、追求高尚的精神生活，用理性去制約感性慾望。因此，在他看來，道德是與求得幸福和快樂緊密聯繫在一起的。

赫拉克利特的上述道德觀對古希臘倫理思想的發展有着極大的影響，接下來讓我們看看他對斯多葛學派的影響。

斯多葛——雅典的「演講者之角」

我在 1986 年訪英時，曾在倫敦的海德公園裏看到一處地方，有幾個人散亂地站在那裏自説自話、慷慨激昂地發表演説，每人面前只有為數不多的幾位聽眾，像我這樣的遊人只是好奇地停下來看上幾眼，然後便匆匆離去。陪同我的英國朋友告訴我，這就是有名的「演講者之角」，是留給人們自由談論、發表政見的地方。據説這個傳統是從古希臘沿襲下來的：古希臘雅典的廊苑（或圓柱大廳，希臘語叫「斯多葛」），曾是公元前 3 世紀哲學家芝諾最初講學的地方，後來也是供人們聚會討論學問的地方。因此，後人把芝諾所創立的學派稱作斯多葛學派。

古希臘的哲人們，用市井樓台作為講學論道的場所，在一起探討宇宙法則、自然規律以及人生的意義，他們的哲學思想閃耀着人類智慧的光輝，不僅是西方文明而且是全人類文明的瑰寶。

斯多葛學派自稱是赫拉克利特的門徒，他們系統地繼承和發展了進化學説。但在這個過程中，他們不僅丟掉了赫拉克利特學説中的一些內容，而且也增添了一些原本沒有的東西。

世界生於火，並滅於火

美國詩人弗羅斯特在一首小詩《冰與火》裏寫道：「有人說世界要毀於火，有人說毀於冰。依我對慾望的體會，毀於火的說法更為我垂青。」

弗羅斯特這一觀點，顯然是受了赫拉克利特的影響。赫拉克利特學說認為，世間萬物由火生成並且毀滅於火，變化不停的火熱的能量，按照自然法則運行，不斷地創造和毀滅世界，就像一個頑皮的小孩在海邊用砂土築起城堡而後又夷平它一樣。

斯多葛學派也繼承了赫拉克利特的這一學說，然而，卻給「變化不停的火熱的能量」賦予了神的屬性，因此出現了上帝這個主宰。請注意，這一點可是赫拉克利特從未說過的。這樣一來，整個宇宙直至最微小的細節，都被設計成要用自然的手段來達到某種目的了。也就是說萬物都有一個與人類相關的目的。這種目的論實際上是創世論，就像羅素在《西方哲學史》中所嘲諷的，每種動物都是上帝為人類所創造的，有些動物可做我們的美餐，有些動物可以考驗我們的勇氣，甚至連臭蟲都是有用的了，因為臭蟲可以讓我們在早晨醒來後立即起身，而不是賴在牀上久久不起（否則會被臭蟲叮咬）。

赫胥黎對斯多葛學派的批判

赫胥黎不贊成斯多葛學派創立的上帝主宰萬物的觀點，並且用一連串的反問予以反駁。

如果上帝主宰世界的話，那麼，為甚麼世上還存在着邪惡？

對此，斯多葛學派的門徒們詭辯說：首先，沒有邪惡這東西；其次，如果有邪惡這東西，它也是與善必然相關的；再次，它或者是由於我們自身的過錯所造成的，或是由於我們為了利益而生出的。

最著名的是斯多葛學派的門徒克利西蒲斯對洪水的解釋：儘管大自然的洪水給人類帶來很多災難，但「魚兒離不開水，瓜兒離不開秧」，沒有水的話，人要渴死，萬物要枯竭。同是這個克利西蒲斯，曾說過以下名言：「給我一個學說，我將為它找到論證。」

同樣，斯多葛學派的另一門徒蒲柏也曾用詩句來回答類似的質疑：「一切自然都是藝術，你只是不知道而已；所有機會都是方向，你只是看不見而已；一切衝突都是和諧，你只是不理解而已……」凡是存在的都正確，上帝造物原本無錯。

赫胥黎把這些視為只是一種廉價的雄辯術而已，他反問：如果「凡是存在的都正確」，那還有甚麼必要去試圖糾正任何現存的東西呢？那就讓我們乾脆吃吃喝喝、無所作為吧，反正今天一切都正確，明天也是一樣。

真的應該順其自然嗎？

斯多葛學派認為，存在即合理、人類應該「順應自然而生活」。那麼，這似乎意味着宇宙過程是人類行為的榜樣，人類不應該克服自身從自然界獲得的野蠻本性(即「獸性」)。這樣一來，倫理過程跟宇宙過程的對抗，似乎就消失了。

然而，我們不能夠望文生義。事實上，按照斯多葛學派的語言，“Nature”——「自然」或「本性」這個詞含有多重意義。它既有宇宙的本性，也有人的本性。在後一種意義中，還包括動物的本性——這是人與宇宙中有生命的生物所共有的「生物性」，是一種比較低等的本性。而構成人的主要本性是一種更高的、起着支配作用的能力——「德行」。如此看來，倫理過程跟宇宙過程的對抗依然存在。

「德行」支持了至善的理想，它要求人們相親相愛、以德報怨、以善報惡，互相看作是一個偉大國家中的公民。因此，斯多葛學派有時把這種純粹的理性(即德行)稱為「政治性」，也就是社會性。

對於斯多葛學派倫理學體系的論述，我發現羅素在《西方哲學史》中所做的介紹似乎更容易理解。下面讓我們來看一看羅素的評述。

羅素筆下的斯多葛學派的倫理觀

按照斯多葛學說，萬物都是宇宙(或「自然」)這個單一體系的組成部分；當個體的生命與「自然」相和諧的時候，那就是好的。一方面，因為每一生命個體都是自然規律所產生的，因此它必然與「自然」相和諧。另一方面，只有個體意志的方向與整個「自然」的目的一致時，這個生命個體才算是與「自然」相和諧。人的德行就是與「自然」相一致的意志。壞人雖然也不得不遵守上帝的法律，但卻是不自願的。

在一個人的生命裏，只有德行才是唯一的善，而德行取決於個人意志，因而，人生中一切好的東西和壞的東西，也就都取決於自己。一個人可以很窮，但這又有甚麼關係呢？他仍然可以是有德的。暴君可以把他關在監獄裏，但是他仍然可以矢志不渝地與「自然」相和諧而活下去。他可以被處死，但他可以像蘇格拉底那樣高貴地死去。別人只能奪去你的身外之物，而德行（即真正的善）的堅守則完全靠你自己。所以，每個人只有能把自己從世俗的慾望之中解脱出來，才能夠有完全的自由。

羅素對斯多葛學派的嘲諷

在《西方哲學史》中，羅素對斯多葛學説也進行了不少嘲諷和調侃。

一方面，羅素質疑斯多葛學説關於「德行本身就是目的而不是某種行善的手段」的觀點。他問，如果德行只是目的而一事無成的話，那麼人們怎麼會對有德的生活充滿熱情呢？我們之所以讚美一個在瘟疫流行期間冒着生命危險去治病救人的醫護人員，是因為我們認為瘟疫是一種災難或惡，需要減少其流行程度。然而，如果疾病並不是一種惡的話，那麼醫護人員便可以安逸地待在家裏了。但是，如果我們用更長遠的眼光去看的話，那麼結果又如何呢？按照斯多葛學説，現存的世界終將被火所毀滅，然後整個過程再重演一遍。難道世界上還有比這更無聊的事情嗎？通常當我們看到某種東西令人痛苦不堪而難以忍受時，我們會希望這種東西將不再發生；但斯多葛學派卻説，現在所發生的將會一次又一次地不斷出現。天哪，果真如此的話，恐怕連上帝也會因絕望而感到厭倦了吧？

另一方面，羅素譏諷斯多葛學説有一種酸葡萄的成份：我們不能有「福」，但是我們可以有「善」。因此，只要我們有善，就讓我們假裝對不幸無所謂吧。

第二十節　東西方倫理思想的滙合

條條大路通羅馬

斯多葛學派認為，德行是傾向於達到理性的、社會性的以及博愛的理想行為，它使人們用意志駕馭情感、用純粹理性戰勝低級本性。在一個社會中，只有人人把有益於社會作為自身本性中最重要的德行，才能促進社會的發展。

如此看來，斯多葛學派的純粹理性或德行與佛教的「功德圓滿」和涅槃之間，似乎有相通之處。

十分有趣的是，如果我們回過頭去對比一下印度哲學與希臘哲學的話，我們就會發現：釋迦牟尼悲天憫人，看不見人間的美好，而斯多葛學派則無視惡的實在性，看不到人世間充滿悲慘；佛教提倡以今生吃苦修行去為來生積善積德，而斯多葛學派則主張率性而生、及時行樂……這兩種哲學表面上看起來，似乎是兩種極端的思想。萬萬沒想到，經過曲折的發展過程，最終竟然殊途同歸。這在哲學發展史上，也可算作是「條條大路通羅馬」的一個例子了。更有意思的是，這兩種哲學思想似乎最初還有着共同的基礎呢！

從尚武好鬥演變為溫順善良

赫胥黎指出：其實，印度思想與希臘思想原本是從共同的基礎上出發的，只是中間產生了很大的分歧，一度似乎走向了兩個極端。

回顧人類演化的歷史，早期的先民們出於生存鬥爭的需要，都是十分彪悍甚至粗野的，因為只有威武強悍、勇敢好鬥、敢於鋌而走險、視死如歸，才能生存下來。他們血氣旺盛、尚武好鬥。這在世界各國歷史上都有體現。

比如，在中國歷史上，早期的君王大多重武輕文，他們在戰馬鐵鞍上打下江山。

而印度四部《吠陀本集》第一部的頌詩與希臘《荷馬史詩》，也都非常豪放壯闊，歌頌面對戰爭生氣勃勃、充滿戰鬥精神的人們：永遠帶着歡樂去迎接雷霆與陽光……

然而，在文明的影響下，人們變得溫順善良、溫文爾雅。活躍的人變成安靜的人，粗野的人變成有教養的人。「放下屠刀，立地成佛」，英雄成了僧侶。千百年來，無論是在印度的恆河流域，還是在意大利的台伯河流域，東、西方的倫理思想把人們逐步教化成了文明理智、溫良恭儉讓的公民。

第二十一節　進化論與倫理觀

「倫理的進化」

在本節（也是《進化論與倫理學》的最後一節）中，赫胥黎簡要地總結了進化論與倫理學之間的關係。赫胥黎在前面曾不止一次地強調了倫理過程跟宇宙過程的矛盾和衝突，在這裏，他再次不指名地批駁了斯賓塞的下述觀點：人類社會任其自然演化，就會像生物進化一樣，不斷地趨於完善。赫胥黎認為，這是狂熱的個人主義者試圖把野蠻的行為合理化，人類社會倫理的發展不是模仿通過生存鬥爭、自然選擇的宇宙過程，而是在於同它做鬥爭。

當前的「適者」可能是將來的「不適者」

生物進化並不像斯賓塞所說的那樣「不斷地趨於完善」。「適者生存」的詞義含混不清，「適者」似乎意味着「最好」，而「最好」則帶有價值判斷和道德色彩（如，完善）。實際上，在自然界，甚麼是「適者」取決於各方面的條件。如果北半球氣候再度變冷的話，那麼，在植物界最適於生存的，又會是小黃芩那樣的低等植物，甚至是苔蘚、地衣、硅藻以及微生物。相反，如果氣候變得越來越熱的話，那麼在泰晤士河谷區，現今的生物就無法繼續生存下去了，就會見到熱帶叢林中繁盛的生物了。

倫理上最優秀者生存

雖然社會中的人，無疑也是受宇宙過程支配的。但是，赫胥黎在前面已經討論過，社會物質文明發展到今天，人們之間的鬥爭，主要不再是爭奪生存資源，而是爭奪享受資源。社會文明越發達，宇宙過程對社會進化的影響就越小。社會進展意味着逐步抑制宇宙過程，代之而起的是倫理過程。結果，不再是拼誰的拳頭最硬，而是看誰最受大家擁戴，因此，那些倫理上最優秀的人得以生存，而損人利己、踐踏社會公德以及侵害公眾利益的人就會被淘汰。

赫胥黎強調，倫理過程中最好的東西（即善和美德）目的在於規範一種行為，也就是要求人們在社會生活中，用「自我約束」（即遵守法紀、不侵犯他人利益）去代替宇宙過程中的「自行其是」（即胡作非為、危害他人和社會）。這樣做的結果，與其說是讓「適者生存」，倒不如說是讓儘可能多的人適於生存。

依靠倫理過程來創造全體人民能夠適於生存的社會環境，就像本書開頭談到的園丁打理園地一樣，都是要與大自然的宇宙過程抗爭的。那麼，人類能否擔當起這一重任呢？

人是有思想的蘆葦

雖然我們在前面談到過，「人定勝天」是不太可能的，但這並不意味着人類就應該聽任大自然的擺布。17 世紀著名的法國博物學家巴斯卡曾在《感想錄》中寫道，人不過是自然界中一種很脆弱的蘆葦，但他是有思想的蘆葦，儘管宇宙不費吹灰之力就能摧毀他，但是他依然比摧毀他的宇宙要高貴。因為他知道自己會死，但宇宙對此卻毫無所知。

因此，人類雖然只是生物界千百萬個物種之一，但他憑着自己的智慧，是能夠在一定程度上影響和改變宇宙過程的。最近兩個世紀裏，尤其是自工業革命以來，人類對自然界乃至地球面貌的改變，我們只要環顧周圍就可以注意到。即使在人類社會中，隨着文明的進展，人類本身來自自然界的一些「野蠻」氣質也被法律和風俗所變更。可以想見，隨着文明的進展，人類還會不斷地增加對宇宙過程的干預程度。

人類文明史只有幾千年。在這幾千年中，人類社會已經有了高度發展的社會組織以及科學和藝術。但是，要想在短短的幾千年內，把千萬年生物演化打在他們身上的烙印徹底消除，是一件不可能的事。因此，赫胥黎一再強調，人類要持續、恆久地跟自身的野蠻本能（即「獸性」）做鬥爭。

上升與下降是同一條路

進化論的始祖赫拉克利特還有一句名言：上升的路與下降的路是同一條路。

達爾文的高明之處，在於指出生物演化的持續性和無方向性。他在《物種起源》中最後寫道：「生命及其蘊含的力能，最初注入少數幾個或單個類型之中；當這一行星按照固定的引力法則持續運行時，無數最美麗、最奇異的類型，就是從如此簡單的開端演化而來，並仍然在演化之中。這樣看待生命，多麼宏偉壯麗啊！」（《物種起源簡史》）

請注意，達爾文說的是「無數最美麗、最奇異的類型」，而不是「無數最高級、最完善的類型」。因此，達爾文理論不對生物演化的方向做出預測。同樣，它也不鼓勵對人類社會做千年盛世的預測。在地球歷史上，生物經歷過「寒武紀大爆發」，也經歷過幾次大滅絕以及其後的復甦和繁盛。如果地球經歷過億萬年的上升道路，那麼，在某個時間會達到頂點，於是下降的道路就會開始。

如果真是這樣的話，無人能想像出單憑人類的智慧和能力能夠阻止這一走勢。即便如此，我們也不應該被動地聽天由命、坐着等死。那麼，我們該怎麼辦呢？

做一個高尚純粹的人

赫胥黎強調，雖然人類不能阻止宇宙和自然界的循環更替，但是只要世界存在下去，我們還必須努力改變我們的生存環境——包括自然環境和社會人文環境。我們應該清醒地認識到，宇宙自然界是經歷過億萬年嚴酷鍛煉的結果，不能幻想通過幾百年的努力，人們就可以使它屈從於倫理過程。俗話說得好：「江山易改，本性難移。」人類自身的素質是不會如此迅速改變的。

另一方面，我們也該看到：儘管我們身上從自然界遺傳下來的那些自私、野蠻的本能，是道德倫理強有力的敵人，然而，我們還是可以做很多努力去打敗它的。我們曾經憑着自己的智慧把襲擊羊圈的狼馴化成了羊羣的忠實保衛者，我們應該有信心能夠抑制我們自身的野蠻本能，力爭做一個高尚純粹的人，不要辜負莎士比亞名劇《哈姆雷特》中的那段讚美人類的台詞：「人是一件多麼了不起的傑作！多麼高貴的理性！多麼偉大的力量！多麼優美的儀表！多麼文雅的舉動！在行為上多麼像一個天使！」

拿出成人的氣概來！

至此，《天演論》(即《進化論與倫理學》) 一書已接近尾聲。但赫胥黎不愧是一位演講大師，他在書的結尾，有這樣一段鼓舞人心的話：

長久以來，我們已經走過了人類的幼年期。在那個遠古時代，我們粗獷豪放，雖然在與大自然做鬥爭的過程中，屢建奇功，但是我們在道德倫理方面還很幼稚，大多數情況下甚至善惡不分。現在，我們人類已進入了成年期。作為成年人，我們必須要開始對自己的行為負責、對社會有所擔當。由於我們是成人了，那就要拿出成人的氣概來：我們要意志堅強、永不屈服於宇宙過程對我們的束縛；我們要勇於擯棄自身的野蠻本性；我們要真心向善、嫉惡如仇。

最後他引用英國桂冠詩人坦尼生的詩句來結束這篇講演：

也許我們會被漩渦吞沒，
也許我們將抵達幸福之島，
……
但在到達終點之前，
我們還得奮力拼搏，
以期實現那些高尚的目標。

第三部分　《天演論》的寫作背景及其深刻影響

第一節　赫胥黎寫作《進化論與倫理學》的背景

英國那些事兒

19 世紀是英國崛起和全盛時期，工業革命所促成的科技與經濟上的進步與繁榮，使英國成為當時的「世界工廠」以及世界頭號強國和海上霸主。它的殖民地遍及全球，因此，又被稱為「日不落帝國」。1859 年達爾文的《物種起源》問世，出乎達爾文意料的是，不僅沒有引起他所恐懼多年的軒然大波，反而很快地被人們所接受。這裏一個深層的原因即在於，他的「生存鬥爭、自然選擇」的理論很快地被應用到人類社會中去，成了英帝國主義對外擴張的依據。社會達爾文主義的興起，是達爾文本人所萬萬沒有想到的。

「鑽石王老五」斯賓塞

斯賓塞不僅是 19 世紀英國最具影響力的政治經濟學家、哲學家和進化論學者，而且是當時有名的獨身主義者。據說，他曾跟一位朋友說過：「由於我選擇獨身，使某個地方有個女人現在生活得更幸福！」斯賓塞在 18 世紀 50 年代發表了一系列的學術著作和時政文章，一時間聲名大噪。他當時的名氣真的比達爾文及赫胥黎還要大！

斯賓塞的普遍進化論

我們在前面已經提到過，斯賓塞是社會達爾文主義的鼻祖，是他提出了「（最）適者生存」。他認為，世間萬物甚至整個社會（包括動植物、人類、語言文化等）都是在進化的，即都是不斷地向好的方向或更高的階段進化的——明天會更美好。跟達爾文與赫胥黎主張的生物進化論相比，有人把斯賓塞的這一理論稱作普遍進化論。

作為政治經濟學家，斯賓塞主張極端自由主義市場經濟學。他反對政府對市場進行任何形式的干預，他認為，像生物界的自然選擇一樣，市場後面也有一隻看不見的手，那就是通過自由競爭的力量，來淘汰不適者，讓適者生存。儘管資本家發了大財，失敗者血本無歸，工人們被壓榨、剝削，但是公眾享用了他們提供的產品和服務。按照斯賓塞的倫理觀，這是符合「生存鬥爭、適者生存」的進化論原理的，也是推進社會發展的有效途徑，因此是進步的、是好的。

然而，達爾文本人是不贊同把生物演化規律直接搬到社會學研究中去的。由於達爾文一貫避免與人正面衝突或捲入無休止的論戰，他一直沒有公開站出來反對斯賓塞的理論。你們猜一猜，誰會來替他幹這件事？

赫胥黎與斯賓塞分道揚鑣

赫胥黎有個外號叫「達爾文的鬥犬」，他一直是站在第一線，為達爾文理論辯護的。有趣的是，斯賓塞也是著名的進化論學者；在宣傳達爾文學說方面，赫胥黎與斯賓塞曾是同一戰壕裏的戰友，而且私下也是好朋友。但是，現在赫胥黎無論如何也不能接受斯賓塞的社會達爾文主義。

赫胥黎從一開始就懷疑斯賓塞普遍進化論預測的樂觀圖景。赫胥黎十分了解，維多利亞時代英國欣欣向榮的外表下，存在着嚴重的貧富兩極分化。尤其在 1873—1896 年間，英國經歷了工業革命以來歷時最長的經濟大蕭條，失業、貧困和疾病帶來許多社會問題，人們開始意識到：科技方面的一些進步並不能解決所有的社會問題。

到了 1880 年前後，赫胥黎對斯賓塞關於社會不斷走向進步的斷言越來越懷疑，兩個老朋友之間的關係，也因此變得緊張起來。

他們爭論的焦點不外乎是，赫胥黎並不否認社會與文化方面的進步，但是他不能贊同社會與文化的演化像生物演化一樣，是生存鬥爭和自然選擇的結果。對於斯賓塞來說，社會與文化的演化跟生物演化是一回事，即普遍進化論。而對赫胥黎來說，社會與文化的演化跟生物演化之間，是有矛盾衝突的。

「倫理的進化」與「進化的倫理」

以上我們討論了赫胥黎寫作《進化論與倫理學》的背景，接下來我們從兩方面來回顧一下該書的要點。一方面，從「倫理的進化」這一角度來看，道德情感（即倫理）是否經過進化而來？另一方面，從「進化的倫理」方面考慮，既然從整體上說，生物進化過程中通過生存鬥爭和自然選擇，動物和植物進展到結構上的完善，那麼，是否意味着在人類社會中，人們作為倫理的人，也必須通過同樣的方式（即生存鬥爭和自然選擇），來幫助他們趨於完善？

一個十分有趣的悖論

如果倫理是經過進化而來的，而按照赫胥黎的說法，又是跟生物演化中自行其是（比如損人利己的行為）的本性背道而馳的，那麼，這怎麼可能呢？要麼倫理是經過進化而來的，要麼倫理不是經過進化而來的。如果是前者，斯賓塞就是對的，而赫胥黎就錯了；如果是後者的話，那麼倫理究竟是怎麼來的呢？

赫胥黎的解釋

一方面，赫胥黎不得不承認：從嚴格意義上說，就像羣居的習性對很多動植物大有益處一樣，人類作為羣居的社會性動物，好的道德倫理也使我們在社會生活中受益。因此，日益完善的倫理過程應該是進化總過程的組成部分之一。

另一方面，赫胥黎也指出，人類社會中絕對平等純粹是烏托邦幻想而已，實際上是不可能存在的。

換句話說，在道德倫理層面，赫胥黎一方面要求人們跟自然界演化而產生的野蠻本性做鬥爭，另一方面要求人們承認並且調和天生的人與人之間的差異。

對此，他進一步強調：研究「倫理的進化」表明，雖然人類的道德倫理起源於最初在一起合作狩獵時，出於生存鬥爭的需要，然而在人類社會形成之後，社會成員之間的競爭就會變成「窩裏鬥」了，並在一定程度上將阻礙社會的進步，因此，互相幫助之風日益增長。

此外，道德教育、知識、社會組織等方面對人的影響也越來越重要。結果，在人類社會中，人們對享受資源的競爭逐步取代了先前在自然狀態下的生存鬥爭。

「進化的倫理」

按照斯賓塞的觀點，所謂「進化的倫理」基於如下的前提：人類社會進化跟自然界生物進化一樣，都是由生存鬥爭驅動的。因此，在「天賦權力」的美麗外衣下，讓「生存鬥爭、適者生存」的規律在社會發展中不受任何節制；一個人只要不直接侵犯他人的權益，就可以為所欲為。

如此一來，人類社會跟自然界虎狼稱霸的叢林還有甚麼區別呢？社會上的弱勢羣體（如老弱病殘、孤兒寡母、失業者、窮人等），竟被認為缺乏生存競爭能力而理應被社會所淘汰。對此，赫胥黎的《進化論與倫理學》猶如戰鬥的號角，喚醒了社會（包括哲學家們）的良知去擯棄斯賓塞式的進化倫理學。

赫胥黎從討論古印度、

古希臘道德倫理的起源與演化入手，質疑和批判了生物演化與社會進化之間的聯繫，展示了人類道德倫理的形成，非但不是被生物演化的動力所推動的，反而是要與之對抗的。

《進化論與倫理學》的發表顯示，赫胥黎不僅是一位傑出的科學家，而且是一位偉大的人文學者。他在書中提出的一些問題，100 多年來啟發了無數的科學家與哲學家們去探討和研究，有些問題至今依然是進化生物學與倫理學研究的熱點。

第二節　《進化論與倫理學》的深遠影響

人們良好的道德品質從何而來？

千百年來，在主要信仰為基督教的西方國家裏，人們（包括達爾文在內）曾被這一問題長期困擾着：既然仁慈的上帝是萬能的，他怎麼會讓世間存在着邪惡呢？從某種意義上說，赫胥黎在《進化論與倫理學》中提出了一個相反的問題：既然自然選擇傾向於保存自行其是、損人利己的品質，那麼，人們良好的道德品質怎麼能通過進化而來呢？

「羣體選擇」與「個體選擇」之爭

19 世紀 60 年代初，蘇格蘭生物學家溫・愛德華茲通過研究動物行為發現：很多動物為了羣體的利益，會做出利他性的行為。比如，鳴禽在看到天敵出現的時候，會冒着自身吸引天敵的危險，發出警告聲，通知其他鳴禽趕快逃離。非洲的野狗，不但像狼一樣，在捕捉獵物時相互合作，而且會跟同一羣裏沒有參加捕獲獵物的成員分享獵物。溫・愛德華茲把這種現象稱作「羣體選擇」。

這聽起來很有道理，而且也似乎解釋了為甚麼會產生「毫不利己、專門利人」的優良品質。但是，這跟達爾文的自然選擇理論卻是格格不入的呀！

「親緣選擇」本質上還是「個體選擇」

對於溫・愛德華茲的「羣體選擇」理論，英國演化生物學家梅納德・史密斯以及哈佛大學生物學家威廉姆斯說：且慢！如果我們仔細研究一下的話，動物中的利他行為通常都是發生在近親之間——漢密爾頓稱其為「親緣選擇」。在這種情況下，所謂「無私者」所做的「利他」行為，實際上是「肥水不流外人田」，本質上還是「利己」的。

互惠利他行為

當然，像前面提到的鳴禽與非洲野狗利他行為的例子，並不見得是發生在近親之間，那麼，僅用梅納德・史密斯和威廉姆斯上面的解釋，還是無法否認溫・愛德華茲的「羣體選擇」理論。不久，哈佛大學的一個叫羅伯特・泰弗士的博士生提出了「互惠利他」行為的理論，解釋了這種現象。泰弗士是個很厲害的人，有些瘋瘋癲癲的，還特愛跟教授們辯論。他認為，在毫無親緣關係的動物之間，有些利他行為是可以用互惠來解釋的，就像「這次我替你撓癢，下次你替我撓癢」一樣。顯然，由於雙方都受益，這種互惠行為是雙贏，從嚴格意義上來說，也不算是單方面的利他行為。因此，這跟自然選擇理論並不矛盾。

吸血蝙蝠與狒狒

泰弗士是搞生物學理論研究的，大多是靠他聰明的腦袋「異想天開」。然而，在他提出上述理論不久，就出現了一些支持他這一理論的研究論文。比如，野外動物行為研究發現，吸血蝙蝠在吸足了血之後，會「反芻」一些血到那些毫無親緣關係的飢餓的蝙蝠口中，以後受益者也會回報的。

野外研究還發現，在狒狒羣中，一些處於被支配地位的公狒狒，會輪流想方設法支走居支配地位的公狒狒，然後伺機跟母狒狒交配。牠們通過這種互相幫助的方式，為自己留下後代。

順水人情

還有一種利他不損己的情形，是我們俗話所說的「順水人情」。比如，兩個人在野外露營，晚上天涼了下來。一個男人成功地生了一堆火，另一個男人卻沒有成功。在這種情況下，成功者讓未成功者來「蹭」火，純粹是「順水人情」，並不損害自身哪怕一丁點兒利益。也許下一次生不起火來的是自己，那麼對方肯定會「回報」的。

顯然，這種利他而不損己的行為，跟自然選擇理論也絲毫沒有衝突。達爾文只是預言，自然選擇不會鼓勵任何物種有損己利他的行為。

普遍利他行為

泰弗士還注意到，在人類社會中，人們從「互惠利他」行為還進一步發展成為「普遍利他」行為。因為我們知道如果我們只要每人能貢獻一點點的話，那麼當我們有所需要的時候，也會指望得到別人的幫助。最為典型的是向慈善機構捐獻錢物，去幫助困難的人。請注意，在這種情形下，接受幫助的人通常跟捐助者非親非故，甚至素不相識。此外，這也不屬於「羣體選擇」的範疇，因為並沒有涉及一個羣體跟另一個羣體之間的競爭。

另一種普遍利他行為

還有一種「普遍利他」行為，比上面更進一步 —— 壓根兒就不期待任何形式的「回報」。比如，我記得剛到美國時，曾有一位台灣同學開車去機場接過我。我自然十分感激，便提出請他吃頓飯「謝謝」(即「回報」) 他。他並沒有接受我的邀請，並對我說：大家都是窮學生，沒有必要讓你破費了。我剛來美國留學時，也是師兄到機場接我的。我也曾提出請他吃飯，他跟我說，謝謝你，情我領了，但飯就不吃了。以後再有新同學來，你能去機場接人家，就是對我最好的感謝啦。

我聽了之後有一種莫名的感動。後來，當我自己買了車之後，我也曾多次去機場接過新同學，也從來不曾接受他們的「回報」。

未出達爾文所料

其實，上述這種情形並未出達爾文所料。他在《人類的由來》中就曾提到：每個人很快會從親身經驗中發現，倘若他向別人伸出援手的話，那麼，作為一種回報，通常他也會得到別人的幫助。正是從這種初級的動機出發，人們或許會養成幫助他人的習慣。

總之，上面這些研究表明，解釋達爾文自然選擇學說排斥利他行為，完全不需要依賴「羣體選擇」理論。

不過，值得指出的是，達爾文並不一味反對「羣體選擇」理論，尤其是在討論原始人類不同部落之間的競爭時，他偶爾也承認「羣體選擇」起着一定的作用。

專家內部之爭

「羣體選擇」與「個體選擇」之爭，雖然在進化生物學領域引發和推動了大量的理論與經驗研究，但是截至 19 世紀 70 年代中期，這場爭論還只局限於進化生物學專家內部。其實，有人已經把它稱作一場新的「達爾文革命」。但這場革命還沒進入公眾的視野。但是 1975 年似乎是道分水嶺，在那之後，這場革命就衝出了學術界的象牙塔，近乎人人皆知啦。這一切都是因為兩本書的出版，其中一本書，你們也一定聽説過——猜猜看是甚麼？

《社會生物學》與《自私的基因》

1975 年哈佛大學出版社出版了一本厚達 700 頁的大書《社會生物學：新綜合理論》，作者是哈佛大學教授、著名進化生物學家、昆蟲學家威爾遜。這本書的問世，不僅標誌着社會生物學這門嶄新學科的誕生，而且引發了一場 20 世紀最重要的學術爭議。

作者在書中用大量動物行為研究的例子，從遺傳學、種羣生物學、生態學等方面，系統地描述了生物中各種社會行為（如侵略行為、互惠行為以及親子撫育等）的表現、起源和演化，並藉此論述了社會生物學的一些基本概念。

該書的前 26 章，介紹了人類以外的各種生物（從螞蟻到大象，無所不包）的社會行為，説明這些社會行為都是為了使生物所攜帶的基因更容易被自然選擇保留下來，因此是符合達爾文學説的。當然，這部分內容很少引起甚麼爭議。事實上，書中反映出威爾遜的淵博學識和治學嚴謹，使他受到了廣泛的尊重和仰慕。

爭論主要源自該書的最後一章（即第 27 章〈人：從社會生物學到社會學〉），在該章中他把社會生物學應用到研究人類的社會行為上去。萬萬沒想到，這下子他竟捅了個大馬蜂窩！

一石激起千層浪

其實，亞里士多德早就説過，人是社會性動物。

除了人類之外，生物界中很多羣居的動物都表現出複雜的社會行為。比如，在《物種起源簡史》中，我們就曾介紹過蜜蜂和蟻類的複雜的社會行為。

威爾遜根據自己的研究認為，人類跟其他動物一樣，他的許多社會行為（包括侵略性、自私性，甚至道德倫理和宗教等），都是因為對物種的生存有益，因此通過自然選擇篩選、保留而演化出來的。

顯然，這跟斯賓塞的觀點是完全一致的。頓時，威爾遜的觀點遭到了很多社會學家和人類學家的強烈反對。批評者稱威爾遜為新斯賓塞學派的代表人物，甚至有人認為他是社會達爾文主義者、種族主義者。

對於威爾遜的批評，很快地超出了學術領域，而且很快地發展成了人身攻擊。而且攻擊他最厲害的人卻是他每天低頭不見抬頭見的兩位哈佛大學同事。這二位的名字在生物學界也是如雷貫耳：遺傳學家理查德・萊萬廷與古生物學家斯蒂芬・傑・古爾德。

按説他們三人在同一個辦公樓裏上班、在同一個系裏共事，有不同的學術觀點，完全可以面對面地討論，哪怕是爭吵也沒有甚麼關係。可是，令威爾遜不解（也使他非常心寒）的是，萊萬廷與古爾德連同另外 15 個人共同署名，在 1975 年 11 月 13 日的《紐約書評》上發表了一封公開信，題目為：反對《社會生物學》。

「社會達爾文主義捲土重來的信號」

萊萬廷是分子生物學領域的翹楚，而古爾德不僅是古生物學界的專家，而且是著名的科普作家。因此，由這二位參加署名給《紐約書評》寫的公開信，在學術界和社會上的影響就非同一般。

公開信明確指出：從達爾文提出自然選擇學説以來，生物和遺傳信息曾在社會和政治發展中起過重要作用。從斯賓塞的「適者生存」到威爾遜的《社會生物學》，都宣稱自然選擇在決定大部分人類行為特性上起着首要作用。這些理論導致了一種錯誤的生物（或遺傳）決定論，即生物遺傳決定了人類的社會行為，因此給這些行為提供了合理性。同時，這種「生物（遺傳）決定論」還認為，遺傳數據能夠解釋特定社會問題的起源。

公開信進一步指責威爾遜有種族和階級偏見，説他在為維護資產階級、白人種族以及男性的特權尋找遺傳上的正當性。由於威爾遜出生於美國南部的阿拉巴馬州，該州在美國南北戰爭中曾站在維護黑奴制度的一方，而威爾遜又是有相當社會地位的男性白種人，因此這無疑是在指責威爾遜是種族主義者，並説《社會生物學》是社會達爾文主義捲土重來的信號。這一下子深深地激怒了威爾遜，使他不得不自衞反擊。

威爾遜的反駁信

被包圍在批判聲中的威爾遜再也不能忍受別人尤其是自己的同事往自己身上潑污水了，於是他在 1975 年 12 月 11 日的《紐約書評》上發表了一封反駁信。他在信中指出，他的批評者不僅歪曲了《社會生物學》及他本人的科學用意，而且對他進行了人身攻擊，這嚴重違背了科學研究領域的自由探索精神。

他在信中還特別指出，那封公開信的簽名者中有兩位是跟他在同一座樓辦公的同事（指萊萬廷和古爾德），而他居然是在那一期《紐約書評》上了報攤之後才看到公開信的。試問究竟是誰在背後搞陰謀呢？

威爾遜之所以反問這個問題，是因為公開信中曾指責《社會生物學》宣傳美國右翼的政治觀點，而且影射威爾遜參與了右派的陰謀活動。

美國學術界的左右之戰

威爾遜的反問並不是空穴來風。事實上，萊萬廷和古爾德在美國 19 世紀 60 年代的學潮中，都曾是活躍分子。

由於萊萬廷和古爾德兩人都是猶太人後裔，對希特拉的種族清洗有切膚之痛，故對社會達爾文主義特別敏感。儘管從這一角度上說，他們對《社會生物學》的問世反應異常強烈也是可以理解的。但平心而論，這場論戰也確實反映了美國學術界存在左右兩派這一事實。

「達爾文的羅威納犬」上陣了

正當美國的這場關於「社會生物學」的論戰方興未艾的時候，1976 年（即《社會生物學》問世的第二年）在大西洋對岸的英國，牛津大學一位年輕的動物學講師理查德・道金斯出版了《自私的基因》一書。道金斯在書中主要想把演化生物學研究（尤其是對自私和利他行為的研究）的新進展介紹給行外的人。其中的內容涉及我們前面所介紹的那些生物學家以及他們提出的各種理論。他書中的很多觀點接近威爾遜的觀點，但也有些不同。

首先，他引進了兩個新概念，一是把生物體稱作「運載器」，二是把基因稱為「複製品」。依照他的觀點，只有基因才是不朽的，每個生物體只是基因的載體，基因可以通過複製從一個載體傳到另一個載體，歷經無數世代。在這個過程中，生物體只是一個暫時的運載器，其作用是負責把複製基因傳給未來的世代。因此，自然選擇是在基因水平上起作用的，而不是上面提到的「個體選擇」，更不是「羣體選擇」。從這個意義上說，道金斯比威爾遜更激進。

古爾德把道金斯的自私基因論稱為「極端達爾文主義」，也有人因此稱道金斯為「達爾文的羅威納犬」。還記得赫胥黎的外號叫「達爾文的鬥犬」嗎？羅威納犬可比鬥犬更兇啊！

「威爾遜，你全錯了！」

《自私的基因》是一本科普書，對外行來說，比《社會生物學》更容易理解，因而在公眾中的影響也更大。道金斯的出現，無疑給這場大論戰「火上加油」；事實上，在後來的持久戰中，古爾德基本上是找道金斯單獨挑戰！他倆都是一流的科普作家、寫文章的高手，兩人筆戰起來，也格外好看。

但這並不意味着就沒威爾遜的事了。恰恰相反，1978 年 2 月 13 日，在美國科學促進會年會上，威爾遜走上講台正要做報告，突然衝上來一位女子，將手中的滿滿一杯水潑到威爾遜的身上，台下有一幫學生不停地齊聲高喊：「威爾遜，你全錯了！」、「威爾遜，你全錯了！」

有意思的是，「威爾遜，你全錯了！」在英語的習語中是："Wilson, you're all wet." 如果按照字面上的意思直譯的話則是：「威爾遜，你濕透了！」

在這場「鬧劇」全過程中，威爾遜從未失態。凡是了解威爾遜的同事們都知道，威爾遜是一位典型的紳士、頂尖的學者，他不可能是種族主義者，更不是甚麼壞人。

威爾遜其人

威爾遜 1929 年生於美國的阿拉巴馬州，從小就酷愛博物學，立志長大以後成為鳥類學家。不幸在一次釣魚事故中右眼受傷變殘。考慮到一隻眼會嚴重影響野外觀察鳥類活動的效果，便決定學習昆蟲學。

這樣的話，儘管只有左眼一隻好眼，但在顯微鏡下觀察昆蟲形態，不會受到多大影響。他在哈佛大學完成博士學位後，即被留校聘為助理教授，這是非常了不起的。他的博士論文是研究蟻類的社會行為的，不久他便成為全世界這一研究領域的頂尖學者。

儘管他的《社會生物學：新綜合理論》一書飽受爭議，但是，他在學術界的崇高地位，從來沒有受到甚麼影響。他是美國科學院院士，榮獲美國總統卡特頒發的美國國家科學獎章以及瑞典皇家科學院的克拉福獎（因為諾貝爾獎未設生物學獎，故該獎實際上相當於生物學領域的諾貝爾獎）。他還曾被美國《時代週刊》評選為「全美最有影響力的 25 人」。

威爾遜的問題是太相信他所研究的科學了，忽視了赫胥黎早就指出的不能把演化生物學理論直接應用於人類社會行為領域。在這一點上，道金斯似乎比他要聰明一些呢！

道金斯走不出赫胥黎的幽靈

在《自私的基因》中，當道金斯討論人類自身時，他着重強調了以下三點：

1. 人類社會行為是可以用達爾文學説解釋的；

2. 倫理學暫時應該從倫理哲學家手中接過來，倫理學可以被「生物學化」；

3. 社會學最終會被社會生物學取代。

對道金斯來説，由於自然選擇的緣故，我們的行為總是傾向於對自身的傳宗接代有利，並通過幫助後代及親人來確保我們有更多的基因傳給子孫後代。

儘管如此，跟威爾遜不同的是，作為英國人，道金斯始終不敢忽視赫胥黎的精神遺產。他不僅繼承了赫胥黎作為科普大師的優良傳統，而且也忘不了100年前赫胥黎在牛津大學的羅馬尼斯演講。道金斯在《自私的基因》最後一章裏指出，唯獨人類自身才能反抗我們「自私的基因」。換句話說，他不得不承認，對人類來說，後天的自我約束與先天的自行其是本性之間，兩者至少是可以勢均力敵的。

下面讓我們再用兩個例子來捅一下社會生物學理論的「軟肋」，看看究竟為甚麼當我們可以自私的時候，卻往往選擇不那麼幹呢？

終極遊戲

心理學家曾設計了一種叫作「終極遊戲」的簡單實驗：遊戲中涉及甲乙兩方，實驗者給甲方一定數目的錢（比如10元），讓甲方可以隨意與乙方分享，但實驗者不把錢的具體數額告訴乙方。規則：如果乙方接受甲方分給他的錢（無論多少）的話，那麼，甲方即可擁有餘下的錢。但是，如果乙方嫌少，拒絕接受的話，那麼兩個人分文都得不到，甲方必須把錢如數還給實驗者。

按照社會生物學理論預測，甲方肯定會儘可能少給乙方，比如只給乙方1元，這樣的話，甲方可得9元。乙方也應該會接受，因為如果乙方拒絕的話，他連1元也得不到。得到1元總比分文得不到要好，因此乙方沒有理由會拒絕。

然而，心理學家在不同的國家、不同的人羣中做了大量的實驗，實驗結果遠遠不像社會生物學理論預測的那樣。儘管具體數目變化多端，但幾乎沒有任何甲方只給乙方1元。一般的分配比例是在總錢數的四分之一與一半之間浮動。

這些結果證實了哲學家和道德倫理學家們長期教導我們的一些

處事原則，比如，「己所不欲勿施於人」、是非標準、公平正義觀念等。從甲方來說，給乙方太少的話，良心會受到譴責。對乙方來說，如果他覺得甲方分給他太少的話，即便拒絕甲方就意味着分文也得不到，乙方也會為了公平正義觀念而拒絕接受的。

有人在瞧着你哪！

另一個實驗同樣有趣。

在一個公司辦公樓的咖啡間裏，有一台咖啡機，旁邊有一個自助交費盒，上面寫着：從咖啡機中倒一杯咖啡，請自覺投入一元。

心理學家做了這樣一個實驗：有些日子在交費盒上貼上一張有一雙人眼睛的圖片，而在另一些日子則貼上一張花卉的圖片。統計結果表明：在咖啡飲用量相等的情況下，貼有一雙人眼圖片的日子比貼花卉圖片的日子，交費盒裏收到的錢數要多得多。

這個實驗的有趣之處在於，倒咖啡的人明知那只是一雙眼睛的圖片，並沒有人在看着他，但是圖片卻起到了觸及人們羞恥感的作用，也可以說這是出於人的心理作用。

儘管善惡觀念、是非觀念以及心理作用，在生物演化過程中不起甚麼作用，但是，按照赫胥黎的觀點，在人類社會中，善惡觀念、是非觀念以及心理作用對一個人能否「合羣」卻很重要。否則，別人就會不喜歡你、不接受你，甚至制止並懲罰你。因此，在人類社會中，心理作用會成為做一個好人的強大動力。

最後，我們再回顧一下《進化論與倫理學》的要點吧。

人到老時心變軟

《論語》中說：「鳥之將死，其鳴也哀；人之將死，其言也善。」意思是說，鳥在快死的時候，叫起來會很哀傷；人在快死的時候，往往說的是善良的真心話。

同樣，作為達爾文學說最著名的宣傳者與捍衛者，赫胥黎一直是演化論、競爭、進步的鼓吹者。但是，在他晚年寫作的《進化論與倫理學》裏，他所強調的則是道德倫理、自我約束、和諧。真可謂人到老時心也變軟。

赫胥黎寫作《進化論與倫理學》是在他退休以後，那時他已搬到了倫敦南郊的南唐斯，在那裏買了一大片荒地，在上面建造了一棟別墅，並修築了一個漂亮的英式花園，而花園的院牆外依然是未開墾的土地。通過對花園裏與荒地上兩類不同生物羣的觀察，他受到了很大的啟發。荒地上的生物是天然的，是受自然選擇嚴格制約的，生存鬥爭異常殘酷。相反，花園裏的各種植物則是人工選擇和培育的，園丁們為它們創造最適宜生存的環境條件。由此赫胥黎聯想到，處於自然狀態下的原始人類與生活在文明社會裏的現代人類，也是截然不同的，就像荒地上的植物與花園裏的植物之間的差別一樣。

赫胥黎的這個類比，簡直是太絕了！

現代人類的雙重性格

赫胥黎指出，人類演化造就了現代人類的雙重性格。在原始人類生活的荒蠻時代，人類靠着「自行其是」的天然人格在生存鬥爭中勝出，這種性格表現出貪圖享樂、逃避痛苦的私慾以及損人利己等「天性」。在文明社會中，人類培育出了「自我約束」的人為人格，這種性格表現出人們之間的互助合作精神、善良博愛以及公平正義等美德。

生物演化與社會倫理演化的矛盾和對立

赫胥黎的基本思想是，社會倫理的演化過程與生物演化這一宇宙過程，是截然不同的過程。在社會倫理的演化過程中，人類必須努力抑制自身貪婪與野蠻的天然人格。社會正義是建立在熱愛你的鄰居和同類基礎之上的，善良就是一種美。

赫胥黎認為，社會達爾文主義不但是站不住腳的，而且是非常有害的。在人類社會中，不能把生存鬥爭與適者生存相提並論，更不能把適者與優秀者等同起來。事實上，人類社會中的鬥爭常常垂青壞人而不是好人，正是法律與倫理的功能起着抑制「宇宙過程」的作用——鼓勵自我約束而不是自行其是。我們為此要感激社會倫理的演化使我們脱離了野蠻狀態，生活在美好的文明社會中。

機智勇敢的偵察員

寫到這裏，我突然想起赫胥黎在演講開頭的一句引言：「我常常跨越防線，潛入敵營，但不是當逃兵，而是當偵察員。」使我愈加佩服赫胥黎的睿智和偉大。

英國科學家、文學家與政治評論家 C.P. 斯諾先生 1959 年在劍橋大學瑞德講座中，曾提出了「兩種文化」的概念。他指出，由於自然科學與社會科學之間鴻溝日益增大、加深，因而科學家與人文學者之間的交流越來越少、越來越困難，幾乎形成了兩種不同的文化。

倫理學在傳統上是哲學家、倫理學家、社會學家以及人類學家的研究範疇，作為科學家的赫胥黎來討論倫理學，似乎是「跨界」的做法，因此他開玩笑地説自己是「跨越防線，潛入敵營，但不是當逃兵，而是當偵察員」。這個比喻非常貼切。100 多年來的事實表明，他的這次偵察工作幹得非常漂亮、非常成功！「敵營」中的許多哲學家、倫理學家、社會學家以及人類學家，也表示非常欣賞。相比起來，威爾遜在試圖「跨越防線，潛入敵營」時，卻不小心踩上了地雷。

赫胥黎演講的目的是想見到一個內部和諧的大英帝國，而嚴復「翻譯」這篇演講卻有另一番完全不同的目的 —— 它究竟是甚麼呢？

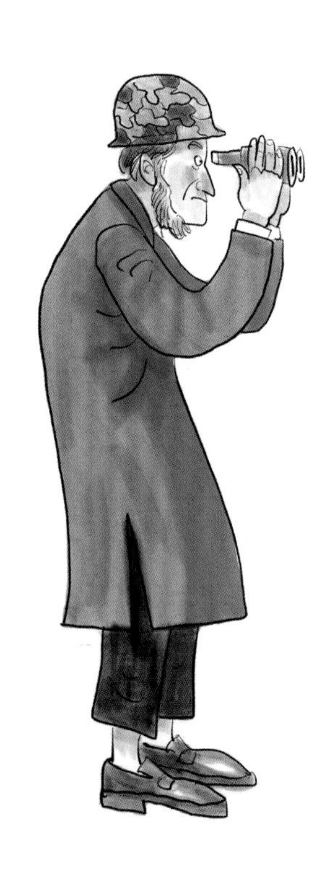

第三節　嚴復「巧譯」奇書《天演論》

嚴復想要看到一個強大的大清帝國

正像赫胥黎想見到一個內部和諧的大英帝國一樣，嚴復想看到的是一個外部強大的大清帝國。可以說，他翻譯所有的西方經典著作，都是為這一目的服務的。他翻譯《進化論與倫理學》也是如此，為了達到這一目的，他甚至不惜改變原著的內容。

連人家的書名都給改了！

赫胥黎原著的書名是《進化論與倫理學》，嚴復翻譯成中文之後把書名改為《天演論》。當然，把 evolution 翻譯成進化論、演化論或天演論，意思都差不多；關鍵是，「倫理學」跑到哪裏去了？過去有人「為尊者諱」(意思是避諱提起或刻意隱瞞自己所尊敬的人的一些過失或醜事)，曾說嚴復只翻譯了進化論部分，捨去了倫理學部分，因此將書名定為《天演論》。也就是說，《天演論》只節選了《進化論與倫理學》中的進化論部分。但這不是事實！

我在編寫這本書的時候，將《天演論》與赫胥黎的英文原著進行了逐字逐句地對照，發現《天演論》也包括了倫理學的內容。那麼，他到底為甚麼要在書名中故意略去「倫理學」呢？

偷樑換柱，用心良苦

我前面已經介紹過了，赫胥黎書中主要討論了生物演化規律以及人類倫理的起源和演化，批判了把生物演化規律運用到人類社會中去。相反，嚴復卻追隨斯賓塞，反對把進化論與人類社會關係、道德倫理分割開來，堅持認為人類社會跟生物界一樣，都是按照進化論原則發展的。嚴復改變書名，正是要強調這一點。

進化論像塊豆腐

一位專門研究達爾文學説的著名學者曾開玩笑説：達爾文學説像塊豆腐，本身其實沒有甚麼特殊的味道，關鍵看廚師添加甚麼作料。雖説這是一句玩笑話，但也不是完全沒有道理。

比如，達爾文的表弟高爾頓就在這塊豆腐裏加進了一些作料，便搞出了優生學。斯賓塞則弄出來個社會達爾文主義。同樣是社會達爾文主義，當年的英國殖民者用來為他們對外擴張找藉口。可是，當時面臨被列強瓜分的中國，卻出現了一位智者嚴復，用它來激勵自己的民族要奮發圖強、走富國強民之路。經過嚴復加入的作料之後，這塊豆腐的味道變得又不一樣啦！同樣，嚴復通過在《天演論》中「添油加醋」，也把赫胥黎的《進化論與倫理學》由「西餐」完全變成了「中餐」。下面讓我們來看看，嚴復加了些甚麼作料。

「斯賓塞辣油」

首先，嚴復在《天演論》中加入了斯賓塞的社會達爾文主義，將「物競天擇，適者生存」的生物演化規律照搬到人類社會的演化上，這跟赫胥黎的本意是完全相反的。

我在本書開頭已經指出，雖然嚴復推崇達爾文和赫胥黎，但是他更崇拜斯賓塞。為了急於尋求解決當時中國日漸衰敗的社會問題，嚴復求助於斯賓塞的社會達爾文主義理論。為此，他竟然把赫胥黎批判社會達爾文主義的《進化論與倫理學》改成了宣揚斯賓塞的觀點，企圖起到刺激清廷推行變法維新的作用。

「馬爾薩斯老醋」

其次，嚴復在《天演論》中加進了馬爾薩斯人口論，把這一社會學理論介紹到中國來。在《物種起源簡史》中，我提到過達爾文提出自然選擇理論曾受到馬爾薩斯人口論的啟發。但在《進化論與倫理學》中，赫胥黎也只是用馬爾薩斯人口論來説明生物界的生存鬥爭。然而，嚴復的用意跟達爾文與赫胥黎是截然不同的。

嚴復的用意是警示國人：「弱肉強食，優勝劣汰」，「物競天擇，適者生存」，是生物界與人類發展的普遍規律；中國再不猛醒、救亡圖存的話，亡國滅種的日子就近在眼前了。

嚴復是如何「配菜」的？

除了添加作料之外，嚴復還在「配菜」上花盡了心機：他在達爾文、赫胥黎、斯賓塞三者之間，根據自己的需要，相當巧妙地進行取捨。當他在《天演論》中需要強調生存鬥爭與自然選擇時，他就大講達爾文的「弱肉強食，優勝劣汰」的生物演化規律。當他需

要強調生物演化規律同樣適用於人類社會發展時，他就採用斯賓塞的社會達爾文主義。當他試圖把倫理觀念與儒家思想聯繫起來時，他就介紹赫胥黎的觀點。

經過嚴復這樣選材和「配菜」，再加上他用註釋和按語的形式加入大量自己的觀點，《天演論》就變成了一個進化論、社會達爾文主義以及救亡宣言書三合一的混合體。

信、達、雅翻譯原則的典範？

十分具有諷刺意味的是，正是在《天演論》書前的「譯例言」(相當於譯者序或前言）裏，嚴復首次提出了信、達、雅的翻譯原則，這是 100 多年來每一個翻譯工作者所努力達到的最高境界。「信」是指忠實於原文，「達」是指譯文的文字通順，「雅」當然是指譯文的文筆優美。

根據我以上的介紹，乍看起來似乎嚴復本人連第一條「信」都遠遠沒有達到。事實上，著名歷史學家、曾任台灣大學校長傅斯年就曾說過，假設赫胥黎晚死幾年，學會了中文，看看他原書的譯文，定要在法院起訴嚴復的。

然而，事情遠不是這麼簡單呢！

學貫中西的大師

我將《天演論》與赫胥黎原著逐字逐句地進行了對照，發現嚴復真不愧為學貫中西的大師，他的英文造詣極高，中文就更了得啦！但凡他想忠實於原文的地方，他的翻譯確實是達到了信、達、雅的境界。尤其是他的許多四字習語的運用，簡直是出神入化。比如，把生存鬥爭與自然選擇連在一起，翻譯為「物競天擇」；還有「適者生存」、「優勝劣汰」、「保種進化」等等，翻譯得真棒。不可否認，《天演論》的風行跟嚴復優美的文筆有密不可分的關係。

嚴復自稱《天演論》是「達旨」而不是「筆譯」

其實，嚴復自己也坦白地承認，他的這種翻譯方法不能叫「筆譯」，而應該叫「達旨」(即傳達了主要的意思)。我認為，《天演論》只能算是嚴復閱讀赫胥黎《進化論與倫理學》所做的讀書筆記而已，嚴格說起來，連編譯都算不上。因此，但凡不忠實原文的地方，並不是他沒有弄懂，而是他故意為之。

傅斯年堅持認為，嚴復從來不曾對原作者負責任，只是對自己負責任而已。儘管傅斯年對嚴復譯作的這一評價，基本上是話糙理不糙，但是，在 100 多年前的清朝末年，嚴復譯作對中國近代史的影響怎麼估計也不算過份。我們不應該用今天的眼光去苛求嚴復。

假如嚴復忠實翻譯的話，結果會如何？

我們通常説歷史是不能假設的。但是在西方，人們總愛好奇地問：What if（假如……又如何）？

對於嚴復擅改赫胥黎原著的批評，前面已經介紹了很多。但我也曾多次這樣問過自己：假如嚴復當年原原本本逐字逐句地翻譯赫胥黎原著的話，效果又會如何呢？我想，至少對中國社會的影響就會大打折扣。平心而論，如果沒有嚴復加進那樣充滿激情的文字，如果不加進他結合中國國情的討論，就不可能出現《天演論》風行中國幾十年的現象。

「李杜文章在，光焰萬丈長」

這兩句詩原是韓愈稱讚李白和杜甫的名句。我在這裏借用一下，來讚揚嚴復的譯作《天演論》以及赫胥黎的原著《進化論與倫理學》，恐怕是再合適不過的了。當然，也可以改作：「嚴赫文章在，光焰萬丈長」。

《天演論》與《進化論與倫理學》這兩本書雖然內容與觀點大不相同，但卻有很多共同點：它們都曾有過重要的歷史意義，也都曾產生了深遠的影響，而且都依然具有重大的現實意義。